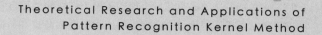
Theoretical Research and Applications of
Pattern Recognition Kernel Method

模式识别核方法的
理论研究与应用

徐立祥 著

中国科学技术大学出版社

内 容 简 介

本书论述了模式识别核方法的理论与应用。核方法具有坚实的理论基础,这使得核方法及其理论不仅在数学理论领域得到了非常重要的研究和发展,而且在模式识别、机器学习、数据挖掘等研究领域也得到了极为广泛的关注与应用。

本书可供从事模式识别核方法理论和应用研究的高校和科研院所的研究人员、研究生、本科生学习和参考,也可为企业的技术人员提供参考和借鉴。

图书在版编目(CIP)数据

模式识别核方法的理论研究与应用/徐立祥著. ——合肥:中国科学技术大学出版社,2021.3

ISBN 978-7-312-05150-0

Ⅰ.模… Ⅱ.徐… Ⅲ.电子计算机—算法理论 Ⅳ.TP301.6

中国版本图书馆 CIP 数据核字(2021)第 026854 号

模式识别核方法的理论研究与应用
MOSHI SHIBIE HE FANGFA DE LILUN YANJIU YU YINGYONG

出版	中国科学技术大学出版社 安徽省合肥市金寨路 96 号,230026 http://press.ustc.edu.cn http://zgkxjsdxcbs.tmall.com
印刷	安徽国文彩印有限公司
发行	中国科学技术大学出版社
经销	全国新华书店
开本	710 mm×1000 mm 1/16
印张	6.75
字数	140 千
版次	2021 年 3 月第 1 版
印次	2021 年 3 月第 1 次印刷
定价	45.00 元

前　言

核方法及其理论以双射函数和变换理论为基础，主要研究希尔伯特空间上的一些半正定函数及其相关应用。基于核的机器学习方法不仅适用于以特征向量表示的模式，也适用于结构化数据的模式，前者对应的是向量核方法，后者对应的是图核方法。因此，模式识别的核方法主要可以分为两类：向量核方法和图核方法。早期主要集中于对向量核进行研究，在这一方面不论在理论上，还是在应用上都得到了较大的发展，也吸引了很多领域的学者对基于核方法的机器学习的理论与应用技术进行了应用和推广；图核发展较晚，近几年才慢慢被人们所知并得到了应用和推广，尤其是在数字图像的结构图建模、特征描述和匹配等研究领域，被越来越多的学者关注，图核因其能够描述图的结构特征，所以在结构模式识别领域具有得天独厚的优势。

模式识别核方法具有坚实的理论基础，这使得核方法及其理论不仅在数学理论领域得到了非常重要的研究和发展，而且在模式识别、机器学习、数据挖掘等研究领域也得到了极为广泛的关注与应用。因此，进一步研究核方法的理论与应用具有非常重要的意义。

笔者在承担安徽省自然基金面上项目"多层深度匹配图核学习算法研究及其在舆情监测中的应用"（1908085MF185）、安徽省高校自然科学研究重大项目"基于深度多尺度图核技术的公共安全监测系统的研发及应用"（KJ2019ZD61）、安徽省高校优秀青年人才支持计划重点项目（gxyq2019113）等的基础上编写了本书，希望能够以此为从事模式识别核方法理论和应用研究的高校和科研院所的研究人员、研究生、本科生、企业的技术人员提供相关的理论参考和技术借鉴。

本书内容的主要创新之处如下：

第一，提出了一种再生核希尔伯特空间上的多核学习方法。首先，通过狄拉克函数介绍了一类广义微分方程的基本解，并分析了这个基本解是 H^2 空间上的再生核。其次，基于这个 H^2 空间上的再生核设计了一种新的多核学习方法。由多核代替单核能增强支持向量机决策函数的可解释性，并且可以获得更优的分类性能。最后，用大量的实验验证了这一新方法的有效性。

第二，提出了一种多属性的具有再生性的卷积核方法。首先，通过狄拉克函数介绍了一类广义微分方程的解，并基于这个解设计了一个多属性卷积核函数。其次，验证了这个多属性函数满足默瑟核的条件，且这个多属性核函数具备三个属性：L_1范数、L_2范数和拉普拉斯核。再次，与传统的希尔伯特空间核方法相比，该卷积核方法在考虑多个属性的情况下，融合了每个属性的特点，有助于提高基于多属性核函数支持向量机的分类精度。最后，在实验数据集上验证了该方法拥有较好的分类能力。

第三，提出了一种基于 Weisfeiler-Lehman（WL）图核的三种组合图核方法。首先，给出 WL 图核的基本理论和相关知识，并进一步介绍了基于 WL 图核的子树核、边核和最短路径核。其次，基于 WL 图核定义了三种组合图核，第一种为加权组合图核，它是参数组合图核；第二种为精度比组合图核；第三种为乘积组合图核。后两种图核属于无参数图核。最后，实验结果表明基于 WL 图核的组合图核在所选实验数据集上与相应的单个图核比较，可以获得较好的分类精度。因此，研究组合图核的理论与应用具有非常重要的实际意义。

第四，提出了一种基于逼近的冯·诺依曼熵的再生性图核方法。首先，给出了无向图的一个信息熵逼近表达式，这个表达式依赖于对图的顶点的度的统计，然后通过这个逼近的冯·诺依曼熵来度量结构图信息。其次，通过一个广义微分方程的基本解来给出 H^1 空间上的 H^1 核函数。最后，基于逼近的冯·诺依曼信息熵与 H^1 核函数定义了一个逼近的冯·诺依曼熵再生性图核。实验结果表明，与其他图核方法相比，这一分类方法的精度在所选的大多数数据集上能够超过其他图核方法，并且计算用时较短。

本书的资料主要来源于笔者的科研成果，在本书的创作过程中，笔者得到了中国科学技术大学陈恩红教授、安徽大学罗斌教授、德国明斯特大学江晓怡教授等有关专家给予的指导和帮助，在此一并表示感谢。

徐立祥

2020 年 1 月

目　　录

前言 ……………………………………………………………………（ⅰ）

第1章　绪论 ………………………………………………………（1）
　1.1　模式识别核方法的研究背景及意义 …………………………（1）
　1.2　核方法的研究现状 ……………………………………………（2）
　1.3　本书的主要内容 ………………………………………………（5）

第2章　模式识别核方法 …………………………………………（6）
　2.1　再生核函数 ……………………………………………………（6）
　　2.1.1　再生核理论 ………………………………………………（6）
　　2.1.2　再生核的定义及举例 ……………………………………（8）
　　2.1.3　再生核的基本性质 ………………………………………（9）
　　2.1.4　再生核的定理 ……………………………………………（10）
　2.2　向量核函数 ……………………………………………………（12）
　　2.2.1　向量核的定义 ……………………………………………（12）
　　2.2.2　索伯列夫-希尔伯特空间上的核函数 …………………（13）
　　2.2.3　基于再生核的组合核函数 ………………………………（14）
　　2.2.4　仿真结果与分析 …………………………………………（17）
　2.3　图核 ……………………………………………………………（20）
　　2.3.1　基于游走的图核 …………………………………………（22）
　　2.3.2　基于路径的图核 …………………………………………（22）
　　2.3.3　基于子树结构的图核 ……………………………………（23）
　　2.3.4　基于子图结构的图核 ……………………………………（24）
　　2.3.5　其他基于 R 卷积的图核函数 …………………………（24）
　2.4　本章小结 ………………………………………………………（25）

第3章　基于 H^2 空间上再生核的多核学习 …………………（26）
　3.1　多核的概念 ……………………………………………………（26）
　3.2　$H^2(\mathbf{R})$ 空间上的向量核函数 ……………………（27）
　　3.2.1　$H^2(\mathbf{R})$ 上的再生核 …………………………（27）
　　3.2.2　具有再生性的默瑟核 ……………………………………（30）

3.3　$H^2(\mathbf{R})$空间上的多核学习 ································· (31)
3.4　实验结果与分析 ·· (32)
3.5　本章小结 ··· (35)

第 4 章　具有再生性的多属性卷积核方法 ····························· (36)
4.1　相关工作 ··· (36)
4.2　$H^3(\mathbf{R})$空间上的核函数 ·· (37)
　　4.2.1　核函数 ··· (37)
　　4.2.2　$H^3(\mathbf{R})$空间上的再生核 ································· (38)
　　4.2.3　$H^3(\mathbf{R})$空间上的卷积核 ································· (40)
4.3　实验结果与分析 ·· (43)
　　4.3.1　实验数据 ·· (43)
　　4.3.2　参数选择 ·· (43)
　　4.3.3　分类结果 ·· (45)
　　4.3.4　验证 ··· (49)
4.4　本章小结 ··· (49)

第 5 章　组合 Weisfeiler-Lehman 图核 ································· (51)
5.1　WL 图核的基本知识 ··· (51)
　　5.1.1　WL 图核框架 ·· (52)
　　5.1.2　WL 子树核 ·· (53)
　　5.1.3　WL 边核 ·· (54)
　　5.1.4　WL 最短路径核 ·· (54)
5.2　WL 组合图核 ··· (55)
　　5.2.1　加权组合图核 ·· (55)
　　5.2.2　精度比组合图核 ·· (55)
　　5.2.3　乘积组合图核 ·· (56)
5.3　实验结果与分析 ··· (56)
　　5.3.1　数据集 ·· (56)
　　5.3.2　实验设置 ·· (57)
　　5.3.3　加权组合图核 ·· (57)
　　5.3.4　精度比权重组合图核 ·· (66)
　　5.3.5　乘积组合图核 ·· (67)
　　5.3.6　三种组合图核的比较 ·· (69)
5.4　本章小结 ··· (70)

第 6 章　基于冯·诺依曼熵的再生性图核 ······························· (71)
6.1　图的顶点度的分布 ·· (71)

iv

目　录

6.2　逼近的图的冯·诺依曼熵	(72)
6.3　基于逼近的冯·诺依曼熵的再生性图核	(73)
6.4　实验结果与分析	(74)
6.4.1　图数据集	(74)
6.4.2　图核矩阵	(77)
6.4.3　分类精度	(80)
6.4.4　时间复杂度	(82)
6.5　本章小结	(82)
第7章　总结与展望	(83)
参考文献	(85)

第1章 绪　　论

1.1　模式识别核方法的研究背景及意义

20 世纪中期,计算机的出现以及人工智能的兴起,对人类的生产、生活和社会活动产生了非常重要的影响,并因此得到快速发展。随着计算机技术的发展,人们希望能够用计算机来代替人类的一些脑力劳动或体力劳动及扩展人类的活动领域。在 20 世纪 60 年代,模式识别(Pattern Recognition)快速发展成为一门重要的新型学科。模式识别通过计算机用数学技术方法来研究模式的自动处理和识别,它主要分为统计模式识别和结构模式识别,统计模式识别的研究对象一般可以用特征向量来表示[1,2],例如,给定的有限数量的样本集,在已知判别函数条件下,根据一定的判别规则通过某类学习算法把多维特征空间划分为若干个区域,每一个区域对应一个类别。属于同一类别的各个模式之间可能存在一定的差异,其中一部分可能是由模式本身所具有的随机性导致的,例如,当一个人书写同一字符时,大体形状虽然相似,但每次书写的笔迹仍是不一样的;另一部分则可能是由外部环境的性质引起的,例如,纸的质地、纸的厚度、笔尖的材料、墨水的质量等的影响。因此,在用特征向量表示这些在细节上有点差异的字符时,这些特征向量所对应的特征空间中的点也会不一样。假如在特征空间中定义了一种度量距离,从直观上看,两点之间的距离越小,它们所对应的模式相似度就越大。一般情况下,同一类别的两个模式之间的度量距离要小于不同类别的两个模式之间的度量距离;此外,同一类别的两点间的各点所对应的模式一般也会属于同一类别。

统计模式识别中的模式具有数学描述的便捷性,所以在向量特征空间里具有数学描述上的优势,它能被很好地定义并且有效地运算[2]。几乎所有向量特征空间中的成熟的算法都可以很好地应用到统计模式识别领域来解决模式识别中的许多有监督学习和无监督学习。在模式识别中,结构图是一种普遍存在的数据结构,它可以完整地模拟同一系统内不同对象之间的网络结构关系,如社交网络、脑神经系统等。在大数据时代,图结构类型的数据也在迅速增长,对于图的数据挖掘的研究无论在理论方面还是在应用方面都越来越富有挑战性,在社会网络分析学、脑神经系统学、化学信息学和生物学等诸多领域[3],图都因其自身结构的优势而受到密切关注并得到广泛应用。

在结构模式识别中,我们常常用串、树、图这样的模式来表示具有拓扑结构的数据[4],这种模式的表达形式非常灵活。然而,结构模式识别也有不足之处,主要体现在:它缺少解决统计模式识别中无监督学习和有监督学习所需的一些相关算法,因此,我们应该尝试将统计模式识别和结构模式识别的优点进行有效互补,来弥补缺点并完成结构模式识别中的一些任务。近几年来,研究人员努力把结构模式识别与传统的统计模式识别结合在一起,去除其缺点,选取其优点,并将统计模式识别中针对向量空间的相关方法或算法拓展应用到结构化数据领域中,以实现对两种模式识别的完美统一。

模式识别中的核方法既可以应用在统计模式识别的模式学习上,也可以应用在结构模式识别的模式学习上[4,5]。前者是向量特征,后者是结构特征,换句话说,核方法可以使得原来用于向量表示的标准算法,也可用于结构图数据,因此,对解决结构图问题来说,核方法已经成为新的工具,图核[8-11]就是在这样的背景下应运而生的。在过去的10年里,图核得到了迅猛发展,它可以很好地完成比如卫星/航空图片解释、天气预报、字符识别、图像分类、工业产品检测、语音识别、指纹识别、蛋白质分类等识别任务,而随机游走图核[6]、边缘图核[7,8]、扩散图核[9-11]、Weisfeiler-Lehman子树图核[12]和信息熵图核[13-15]等是当前最重要的几种图核方法。

1.2 核方法的研究现状

对于模式识别领域中的很多问题,如果直接在高维空间进行无监督学习或有监督学习,则存在需要确定特征空间维数和非线性映射函数的具体形式以及选择参数等难题,然而采用核方法就可以有效地解决这样的问题。早在1964年,Aizermann等[16]在势函数方法的研究中就已经将核方法引入机器学习领域,但直到1992年,Vapnik等[17]才利用核方法成功地将线性支持向量机拓展到非线性支持向量机领域,此后,核方法技术得到充分挖掘和迅速发展。核方法是模式识别领域中应用非常广泛的一类算法,它的目标是学习一组数据,并找到这些数据之间的一些相互关系,基于核方法的主流技术有支持向量机、核组成分分析、核投影机和核直接判别分析等,其中以基于核函数的支持向量机方法较为著名[18-20],应用也极为广泛。模式识别核方法的技术核心是:将低维空间中线性不可分的点集,转化到高维空间中,使之变为线性可分的[4],例如,有两类数据,一类为 $x<2a$ 或 $x>2b$,另一类为 $2a<x<2b$,显然它们在一维空间上是线性不可分的,然而我们可以通过 $f(x) = x^2 - 2(a+b)x + 4ab$ 把一维空间上的点转化到二维空间上,这样就可

以划分得到两类数据 $f(x)>0$ 和 $f(x)<0$，从而实现了原始数据的线性分割。

直接把低维度的数据转化到高维度的空间中，然后去寻找最优的线性可分平面，在很多情况下是非常困难的。正如前面所述：首先，直接在高维度空间中计算将导致维度灾难；其次，将原始特征空间里的每一个点先转换到高维特征空间中，然后求其分割平面的最优参数是非常困难的。然而，通过核方法可以有效地回避这些困难。

核函数[4]：定义一个核函数 $k(x,y)=\langle\Phi(x),\Phi(y)\rangle$，其中 x 和 y 是低维度空间中的点（向量或者标量），$\Phi(x)$ 是将低维度空间的点 x 映射到高维度空间中的映射函数，$\langle\cdot,\cdot\rangle$ 表示向量的内积。这里核函数 $k(x,y)$ 的表达式一般不显式地写成内积的形式，即我们不会关注它在高维度空间里的具体形式，而是直接通过核函数表达式来实现。因此，在高维空间中，就可以通过低维度的点的核函数计算向量的内积了。

在模式识别核方法中，判断一个函数是否是核函数是至关重要的，事实上，只要满足默瑟（Merce）定理的函数都可以定义为核函数。

默瑟定理[21]　任何半正定函数都可以作为核函数。

这个默瑟定理只是核函数的充分条件，并不是一个必要条件，即还存在一些不满足默瑟定理的函数也可以是核函数，如 Sigmoid 核函数。常见的有线性核、多项式核、高斯核、Sigmoid 核、指数核、柯西核、小波核、样条核、对数核等，在这些常见核函数的基础上，还可以通过核函数的性质，如半正定性、平移不变性、对称性等，进一步构造出新的核函数，此外还可以通过核函数的一般四则运算得到新的核函数。

相似性的概念在整个模式识别领域中都有着非常重要的地位，尤其是在分类研究中[2]更是如此。计算两个图的相似性的过程常被称为相似度度量，图的相似度度量的意义是度量某个图是否同构于另一个图。随着结构模式识别的发展，大数据带来了大量结构性的数据，如社交网络数据、脑神经系统数据等。对于这些问题的模式识别，用向量核方法似乎困难重重，不能得到理想的结果，因此，图核应运而生。

图核[2,8,9,13,14]把图映射到向量特征空间，使两个图的相似性等于它们在向量特征空间中的内积。图核方法主要是计算两个图的相似程度，它必须满足以下两个数学要求[21-23]：① 它必须是对称的；② 它必须是半正定的。

图核：令 G 是一个有限的或无限的图的集合，函数 $k:G\times G\to R$ 称为一个图核，如果存在一个希尔伯特（David Hilbert）空间（可能无限维）F 和一个映射 $\Phi:G\to F$，对于所有的 $g,g'\in G$ 使得 $k(g,g')=\langle\Phi(g),\Phi(g')\rangle$（$\langle\cdot,\cdot\rangle$ 表示希尔伯特空间上的内积）。

由定义可知，每个图核 k 都可以看成是希尔伯特空间 F 中的内积。因此，在计算图之间相似性的时候，我们可以不需要定义从 G 到 F 的映射，而只需要计算图之间所对应核函数的具体表达式就能够计算出相应核函数的数值,从而实现对图之间的相似性的非精准的度量。

1999 年,Haussler 等[24]最先提出将核方法应用于具有拓扑的结构化数据的模式识别中。2002 年,Kondor 和 Lafferty 提出可以构造简单图上节点的核函数[25],这个想法在 2003 年由 Smola 和 Kondor 进行了推广[26]。同年,Gärtner 首次提出了图核的概念,Gärtner 等[6]设计的直积图核能计算出在随机游走中含有相同标签的节点数,并且该图核还包含衰减系数来确保最终的直积图核函数能够收敛。这一想法很快由 Borgwardt 等[27-29]进行了推广,他们基于成对图中具有相同长度的最短路径的数目提出了最短路径核[28]。此外,Costa 和 de Grave 通过计算成对图中的同构的邻近子图定义了一个邻近子图距离核[30]。为了进一步提高前面所提到的图核的计算效率和模式特征表达能力,2011 年 Shervashidze 等[12]基于 WL 算法给出了快速子树核。事实上,目前大多数图核都属于 Haussler 提出的卷积核[24,31,32]。卷积是一种定义图核的通用方法,这种方法主要通过比较图被分解后的所有同构子结构来定义图核。分解图的方法不同,得到的卷积图核也不同。然而卷积核也存在着一些不足,如在两个图被比较的时候,图的子结构的局部特征容易被忽略;而在遇到复杂结构图或者大尺度结构图的时候,它的计算复杂度将大大增加,这些缺点都会影响图之间的相似性度量。2013 年,Aziz 等[33]基于图之间相同长度的圈数定义了回溯核,该方法可以有效克服图核计算过程中的波动情况,具有一定的稳定性,然而,回溯核不能有效地获取图的拓扑信息,并且计算的复杂度仍较高。2014 年,Bai Lu,Edwin R. Hancock 等基于量子物理的核密度提出了量子延森-香农(Quantum Jensen-Shannon)图核以及基于信息熵的延森-香农图核[34-36]。这个核是对图之间相似度的严格度量,其核矩阵的每个元素的取值范围均为[0,1],如果两个图完全相同,则它们的相似度就为 1,且该图核的计算复杂度较低,运行时间较短。

图核能够快速发展起来主要有以下两个方面的原因[2]:首先,核方法使得原来用于向量表示的标准算法也可以适用于更复杂的结构性数据,如串、树、图等。其次,核方法以一种统一的方式把线性算法拓展到了非线性算法中,从向量数据领域拓展到了结构化数据领域。理论和实验分析表明,在一定的条件下,图核方法可以比许多传统方法更好地解决比较困难的结构模式识别任务。近几年来,很多研究学者设计出了很多具有不同用途的图核[37-39],但大体上可分为三类:通路核[28,40]、卷积核[24,46,47]和扩散核[41-45]。常用的图核有:几何核[48,49]、随机路径核[6]、最短路径核[28]、边缘化核[7,8]、有理核[50-53]、散布核[54,55]、快速子树核[12]等。图核已成为结构模式识别领域中的一个新的研究热点,它可应用于蛋白质分类、脑神经网络系统、社交网络分析、图像分类、指纹识别、生物医学等模式识别任务中[56-59]。尽管如此,目前基于图核的一些有效的分类或聚类方法还存在不足,如核矩阵的计算复杂度较高、实验精度仍较低、核函数难以准确地表达结构图信息等,图的复杂性导致基于图核的机器学习快速算法还比较欠缺,因此,还需要进一步地对图核进行深入研究。

1.3　本书的主要内容

本书的研究内容主要包括以下几个部分:

第1章,绪论,主要给出了模式识别核方法的研究背景、意义以及研究现状。

第2章,模式识别核方法,介绍了模式识别核方法的有关概念、理论和一些性质,包括再生核相关理论、向量核相关理论以及图核相关理论。

第3章,基于 H^2 空间上再生核的多核学习,主要提出了一种具有再生性的多核学习方法,并用此方法完成了一些模式分类任务。

再生性的多核学习方法的建立主要是通过下面两个过程来完成的:首先,通过狄拉克函数介绍一类广义微分方程的基本解,并证明这个基本解是 H^2 空间上的再生核。其次,我们证明这个 H^2 空间上的再生核满足默瑟核的条件,并设计出一种基于 H^2 空间上再生核的多核学习方法。

第4章,具有再生性的多属性卷积核方法,主要提出了一种多属性的具有再生性的卷积核方法。首先,通过狄拉克函数介绍一类广义微分方程的解,然后基于这个解来设计一个多属性卷积核函数。其次,本书证明这个多属性函数满足默瑟核的条件,且这个多属性核函数还具备3个属性:L_1 范数、L_2 范数和拉普拉斯核。

第5章,组合 Weisfeiler-Lehman 图核,主要提出了一种基于 WL 图核的几个组合图核方法,该图核是基于 WL 图序列的,包括了子树核、边核和最短路径核。进一步定义了3种组合图核:第一种为加权组合图核,它是参数组合图核;第二种为精度比组合图核;第三种为乘积组合图核。后两种图核属于无参数图核。本章还进行了大量的实验验证。

第6章,基于冯·诺曼熵的再生性图核,主要提出了一种基于逼近的冯·诺依曼熵的再生性图核方法。首先,通过逼近的冯·诺依曼熵来度量结构图信息。其次,通过一个广义微分方程的基本解给出了 H^1 空间上的 H^1 默瑟核函数。然后基于逼近的冯·诺依曼信息熵与 H^1 默瑟核函数定义一个逼近的冯·诺依曼熵再生性图核。最后,在几个公用的图核数据集上,对比其他先进的图核方法,验证了这种方法的有效性。

第 2 章　模式识别核方法

模式识别的理论和方法在许多领域都得到了成功应用,现实中的大量模式识别问题常常具有多类别的高维复杂的模式识别任务,因此研究复杂的模式识别任务是非常有意义的。基于核函数的学习方法是从统计学习理论中发展起来的较新的学习方法,它能够有效克服传统模式识别方法的统计分析不完全和局部极小化的缺点。核方法实质上是非线性的信息处理工具,相对于其他学习方法,它在处理具有非线性关系的高维复杂模式识别任务时有着很大的优越性。核方法的理论研究和应用研究发展迅速,新的算法不断地被提出,但它作为一种经典的模式识别技术,还存在许多需要进一步完善和解决的地方,如核函数的构造和选择、多标签分类、核方法的半监督学习问题等,因此,研究基于核方法的模式识别理论和方法仍具有极其重要的实际意义。

2.1　再生核函数

2.1.1　再生核理论

20 世纪初期,Zaremba 首先发现了希尔伯特函数空间 H 及其空间上的半正定函数 $K(x,y)$ 具有再生性[60-62],即函数空间 H 是由某个特定抽象集 B 上的复值或实值函数所构成的希尔伯特函数空间,对任何固定的 $y \in B$,作为 x 的函数 $K(x, y)$ 是函数空间 H 中的元素,且对 $\forall f \in H$,有 $f(y) = (f(x), K(x, y))_x$ 成立。但这个论述在当时没有得到多少关注。20 世纪中期,Aronszajn 发表了一篇综述性文章《再生核理论》(*Theory of Reproducing Kernels*),这篇文章在当时产生了很大的影响,同时,它也标志了再生核理论的初步形成[64]。这篇文章指出,函数簇的核函数具有再生性。这个性质在再生核理论研究中起着至关重要的核心作用。到20 世纪 80 年代,S. Saitoh 深入研究并总结了再生核及再生核希尔伯特空间上的基本理论,他的研究成果进一步发展了再生核的相关理论研究及其应用[65,66]。再生核及其空间有着很多非常良好的数学性质,这促使了许多研究学者将再生核及其相应的再生核希尔伯特空间应用拓展到了数值分析的研究领域中[67,68]。经过半个多世纪的研究和发展,再生核及其相应的再生核希尔伯特空间理论不仅在数学理论研究领域得到了非常重要的发展,而且在神经网络、数值分析、模式识别等应用领域也同样得到了非常广泛的重要应用[69-72]。2011 年,Taouali 等提出了非线性系统理论的内积核模式识别新方法,该方法是基于再生核希尔伯特空间的相关性质设计的,效果令人非常满意[73]。2012 年,Momani 等借助再生核方法对非线性弗雷德霍姆-沃尔泰拉微积分方程进行求解,实验效果理想[74]。同年,Kuo 等研究了在希尔伯特空间中带有高斯核函数的正交高斯-埃尔米特矩阵[75]。张旭莹等[76]针对 Meyer 小波函数,给出了 Meyer 小波变换像空间的再生核函数的具体表达式,并给出了 Meyer 小波变换像空间的采样定理。2013 年,林硕等[70]为解决常用算子在人脸识别领域中识别率偏低的困难,提出了一种新的识别算法,这个算法就是借助再生核希尔伯特空间中的一些良好的逼近性而实现的。紧接着,Fasshauer 等[77]、Akgül 等[78]、南东等[79]、Hickernell 等[81]和 Al-Smadi 等[82]都分别对再生核及其空间给予了充分的研究和讨论,还给出了一些新的应用和结论,并通过一些例子进行了相应的验证。

比利时数学家 Daubechies 在她的专著《小波十讲》(Ten Lectures on Wavelets)中指出,$L^2(\mathbf{R})$ 中的连续小波变换的像空间[60-62]

$$H = \{F(a,b) | F(a,b) = (T^{\text{wav}}f)(a,b), f \in L^2(\mathbf{R}), a, b \in \mathbf{R}, a \neq 0\}$$

是 $L^2(\mathbf{R} \times \mathbf{R}; a^{-2}\mathrm{d}a\mathrm{d}b)$ 的一个闭子空间,并且它还是一类再生核希尔伯特空间,而再生核希尔伯特空间的元素都能由该空间内的再生核函数表示[61,62,83]。具体来讲就是尺度和平移均连续变化的连续小波基函数

$$\{\psi^{a,b}(t); a, b \in \mathbf{R}, a \neq 0\}$$

是一类过度完全基,可用再生核函数

$$K(a,b;a',b') = (\psi^{a,b}, \psi^{a',b'})$$

来描述两个基函数的相关度,这个再生核函数实际上体现了每个小波基函数在相应尺度和空间上的相关性。这个小波基函数的相关性说明在不同点 (a,b) 和 (a',b') 上的对应小波的展开系数 $T^{\text{wav}}f(a,b)$ 和 $T^{\text{wav}}f(a',b')$ 之间也存在着一个相关关系,这个相关关系与小波变换的像与再生核空间中的元具有一致性。因此,任意一个随机信号,它的连续小波变换在像空间中的相关区域的大小可由再生核表示,即

$$T^{\text{wav}}f(a',b') = \frac{1}{C_\psi} \iint_{\mathbf{R}^2} T^{\text{wav}}f(a,b) K(a,b;a',b') \frac{\mathrm{d}a\mathrm{d}b}{a^2}$$

其中,C_ψ 是小波的可允许性条件,$C_\psi = 2\pi \int_\mathbf{R} \frac{|\hat{\psi}(\omega)|^2}{|\omega|} \mathrm{d}\omega < \infty$。并且,随着尺度的减小,连续小波变换在像空间中的相关区域也相应减小。

不同的小波基函数,它对应着不同的小波变换的像空间。因而,确定小波基函数性质的一个有效工具就是再生核函数及其相应的空间,如小波变换的 4 个参变

量对基函数的影响就可以通过再生核的有效测度来反映。此外,小波变换的 4 个参变量的最小相关区间也能够被再生核的有效测度确定,也即是,当对小波进行重建或离散化处理时,应该保留尽量多的信号信息,且要求相应的抽样点尽可能少。因此,我们可以考虑从小波基的再生核函数的角度来探讨相应的基本性质。此外,已发表的研究报告显示:希尔伯特空间的再生核框架理论适用于处理和分析一些线性或者非线性问题。伴随着希尔伯特空间的再生核框架理论的发展,它在概率论、小波分析、再生核粒子方法、偏微分方程、数值计算、图像处理、信号处理和模式识别等相关领域的应用日渐成熟,继续深入研究再生核及其与再生核相关的理论有着很重要的意义。

综上所述,再生核及与其相对应的再生核希尔伯特空间对函数逼近理论和正则化方法研究具有非常重要的意义。由于不同核函数的机器学习可以解决不同领域的实际问题,所以如果我们可以构造出能够反映这类具有逼近特性的且具有再生性的向量核函数和结构化数据图核函数,那么就能够为我们认识和理解模式识别核方法的理论与应用提供新的思路,同时也对拓宽核方法在模式识别中的应用范围有非常重要的价值。

2.1.2 再生核的定义及举例

定义 2.1[64] H 是一个实值或复值的希尔伯特函数空间,对 $\forall f(x) \in H, x \in B$($B$ 是一抽象集),若存在二元函数 $K(x,y)$ 满足:

(1) 对任意固定的 $y \in B$,$K(x,y)$ 作为 x 的函数属于 H;

(2) 对 $\forall f(x) \in H$,有 $f(y) = (f(x), K(x,y))_x$,

则称 $K(x,y)$ 为希尔伯特空间 H 上的再生核,空间 H 是以 $K(x,y)$ 为再生核的希尔伯特空间,简称为再生核希尔伯特空间(Reproducing Kernel Hilbert Space),简记为 RKHS。一般我们称条件(1)为再生性。

例 2.1[64] $\mathbf{C}$ 是复数集,对 $\forall \alpha, \beta \in \mathbf{C}$,定义内积 $(\alpha, \beta) = \alpha \bar{\beta}$,则 1 是复数集 $\mathbf{C}$ 在该内积定义下的再生核。

证明 显然

$$1 \in \mathbf{C}$$

满足定义 2.1 中的(1)。

又因为

$$(\alpha, 1) = \alpha \cdot \bar{1} = \alpha$$

所以,它又满足再生性。

由定义 2.1 知,1 为复数集 $\mathbf{C}$ 在内积

$$(\alpha, \beta) = \alpha \bar{\beta}$$

下的再生核。

对于例 2.1,当内积定义为

$$(\alpha,\beta) = \frac{1}{\lambda}\alpha\bar{\beta} \quad (\lambda \in \mathbf{R}^+)$$

时,可验证 λ 是复数集 $\mathbf{C}$ 在该内积定义下的再生核。因此,在同一个数据集上,当我们给出不同的内积定义时所得到相应的希尔伯特空间也不尽相同,因而,对应的再生核也不同。

例 2.2[64] 希尔伯特空间 H 上的一个再生核函数 $K(x,y) = \min(x,y)$,$\min(\cdot,y)$ 的弱派生函数为

$$1_{(0,y)}$$

和

$$\langle \varphi(x), K(\cdot,y) \rangle_H = \int_0^y \varphi'(x) \mathrm{d}\lambda(x) = \varphi(y)$$

其中,$\lambda(x)$ 表示实数集 $\mathbf{R}$ 上的勒贝格(Lebesgue)测度。通过定义 2.1,我们知道,$K(x,y)$ 是空间 H 上的再生核。

例 2.3[64] 设 $K(i,j) = \delta_{ij}$(狄拉克(Dirac)函数)。如果 $i = j$,$K = 1$;否则为 0。则

$$\forall j \in N, K(\cdot,j) = (0,0,\cdots,0,1,0,\cdots) \in H$$

$$\forall j \in N, \forall x = (x_i)_{i \in N} \in H, \langle x, K(\cdot,j) \rangle_H = \sum_{i \in N} x_i \bar{\delta}_{ij} = x_j$$

由定义 2.1,我们知道 $K(\cdot,\cdot)$ 是 H 上的再生核。

2.1.3 再生核的基本性质

以下基本性质可见参考文献[60-62,64]。

性质 2.1 (唯一性)如果希尔伯特空间有再生核函数 $K(x,y)$,则此再生核函数是唯一的。

性质 2.2 (存在准则)空间 H 是以 $K(x,y)$ 为再生核的再生核希尔伯特空间的充要条件是:对 $\forall x \in B$,$f(x)$ 是 H 上的有界线性泛函。

性质 2.3 设 $K(x,y)$ 为希尔伯特空间 H 的再生核函数,则
(1) 对一切 $x,y \in B$,有 $(K(x,\cdot),K(y,\cdot)) = K(x,y)$;
(2) 对一切 $x,y \in B$,有 $K(x,y) = \overline{K(y,x)}$;
(3) $K(x,x) \geqslant 0$;
(4) 若 $K(x_0,x_0) = 0$,则对 $\forall f \in H$,有 $f(x_0) = 0$;
(5) $|K(x,y)| \leqslant \sqrt{K(x,x)}$。

性质 2.4 (半正定性)对 $\forall x_1,x_2,\cdots,x_N \in B$ 及 $\alpha_1,\alpha_2,\cdots,\alpha_N \in \mathbf{C}$ 总有

$$\sum_{i,j=1}^N K(x_i,x_j)\bar{\alpha}_i\alpha_j \geqslant 0$$

性质 2.5 设 $K(x,y)$ 是希尔伯特空间 H 的再生核函数，则有
$$\max_{\|f\|=1} |f(y)| = \sqrt{K(y,y)} = \|K(x,y)\|_x$$
其中，$\|\cdot\|_x = (\cdot,\cdot)_x^{1/2}$。

性质 2.6 设函数 $K(x,y)$ 在抽象集合 B 上是半正定的，则以 $K(x,y)$ 为再生核的希尔伯特空间 H_K 有且只有一个。

性质 2.7 设 $K(t,s)$ 是希尔伯特函数 H 上的再生核，$\{g_i\}$ 是 H 中的正交系，$\{a_i\}$ 是满足条件
$$\sum_{i=1}^{\infty} |a_i|^2 < \infty$$
的数列，则有
$$\sum_{i=1}^{\infty} |a_i||g_i(t)| \leqslant K(t,t)^{\frac{1}{2}} \left(\sum_{i=1}^{\infty} |a_i|^2\right)^{\frac{1}{2}}$$

性质 2.8 设希尔伯特空间存在再生核函数 $K(x,y)$，则当 $f_n \to f$（弱）时必有
$$f_n \to f（逐点）$$
如果再生核在 $E \subset B$ 上有界，那么
$$f_n(t) \to f(t)（在 E 上一致）$$

性质 2.9 设 $K(x,y)$ 是希尔伯特空间 H 上的再生核，则对于空间 H 上的任意闭线性子空间 H_K 也以 $K(x,y)$ 为再生核。

性质 2.10 设 H 是希尔伯特空间，H_1 是其子空间，$K(t,s)$ 是子空间 H_1 上的再生核，$h \in H$，则公式
$$f(s) = \langle h(t), K(t,s) \rangle$$
给出 H 中元素 h 在子空间 H_1 上的投影。

2.1.4 再生核的定理

以下基本定理请见参考文献[60-62,64]。

定理 2.1 （再生核的表示）设 H 是可分的希尔伯特空间，它有再生核 $K(t,s)$，且 $\{\varphi_i\}_1^\infty$ 是空间 H 的标准正交基，则
$$K(t,s) = \sum_{j=1}^{\infty} \varphi_j(t) \overline{\varphi_j(s)}$$
而且
$$\lim_{n\to\infty} \left\| K(t,s) - \sum_{j=1}^{n} \varphi_j(t) \overline{\varphi_j(s)} \right\|_t = 0$$

定理 2.2 （再生核的和）设 H_1, H_2 是同一个集合 B 上的两个希尔伯特空间，它们的范数分别为 $\|\cdot\|_1$ 和 $\|\cdot\|_2$，$K_1(t,s)$ 与 $K_2(t,s)$ 分别是空间 H_1, H_2 的再生核，那么 $K_1 + K_2$ 是所有形如

$$f = f_1 + f_2 \quad (f_1 \in H_1, f_2 \in H_2)$$
的函数所形成的希尔伯特空间 H 上的再生核，H 的范数由下式定义：
$$\|f\|^2 = \min\{\|f_1\|_1^2 + \|f_2\|_2^2\}$$
其中极小值是对一切分解
$$f = f_1 + f_2 \quad (f_1 \in H_1, f_2 \in H_2)$$
取得的。

设 K_1 与 K 都是在 B 上正定的二元函数，如果
$$K(t,s) - K_1(t,s)$$
在 B 上半正定，则记
$$K_1 \ll K$$

定理 2.3 （再生核的差）设 H, H_1 分别是具有范数 $\|\cdot\|, \|\cdot\|_1$ 的希尔伯特空间。K, K_1 分别是 H, H_1 的再生核，且
$$K_1 \ll K$$
则 $H_1 \subset H$ 且对每个 $f_1 \in H_1$，均有
$$\|f_1\|_1 \geq \|f_1\|$$

定理 2.4 设 H, H_1 分别是具有范数 $\|\cdot\|, \|\cdot\|_1$ 的希尔伯特空间，$H_1 \subset H$，$K(t,s)$ 是 H 的再生核。如果对每个 $f_1 \in H_1$ 均有
$$\|f_1\|_1 \geq \|f_1\|$$
那么 H_1 具有再生核 K_1 且满足
$$K_1 \ll K$$

定理 2.5 （再生核的积）设 H, H_1 是集合 B 上的希尔伯特空间，$K_1(t,s)$ 与 $K_2(t,s)$ 分别是 H, H_1 的再生核。令
$$K(t_1, t_2; s_1, s_2) = K_1(t_1, s_1) K_2(t_2, s_2)$$
则直积 $H = H_1 \otimes H_2$ 以 $K(t_1, t_2; s_1, s_2)$ 为再生核。

设 $\{B_n\}$ 是集合 B 中满足下列条件的集簇：
$$B_1 \subset B_2 \subset B_3 \subset \cdots, \quad B = B_1 \cup B_2 \cup B_3 \cup \cdots$$
H_n 是定义在 B_n 上的希尔伯特函数空间，对于每个 $f_n \in H_n$ 以 f_{nm} 表示 f_n 在集合 $B_m \subset B_n$ 上的限制，
$$m \leq n, \quad f_{nm} = f_n$$
H_n 在如下意义下构成一个递减序列：对每个 $f_n \in H_n$ 和 $m \leq n$，有 $f_{nm} \in H_m$。又设 H_n 的范数 $\|\cdot\|_n$ 在下述意义上构成了一个递增序列：那么对每个 $f_n \in H_n$，每个 $m \leq n$，有
$$\|f_{nm}\|_m \leq \|f_n\|_n$$
再设每个 H_n 具有再生核 $K_n(t,s)$，则我们又有如下定理 2.6。

定理 2.6 设 H 是集合 B 上的希尔伯特空间，$K(t,s)$ 是其空间上的再生核，$K(t,s)$ 在子集 $B_1 \subset B$ 上的限制记为 $K_1(t,s)$，则由全体空间上的函数 f 在 B_1 上

的限制 f_1 所构成的函数空间 H_1 以 $K_1(t,s)$ 为再生核。

定理 2.7 在 H_n 与定理 2.6 相同的假设条件下，再生核函数序列 $\{K_n(t,s)\}$ 收敛于一个在 B 上定义的函数 $K_0(t,s)$，且 $K_0(t,s)$ 是具有下面两个性质的在 B 上定义的函数 f_0 所构成的希尔伯特空间的再生核。其中 $K_0(t,s)$ 的性质如下：

(1) f_0 在 B_n 中的限制 $f_{0n} \in H_n (n=1,2\cdots)$；

(2) $\lim\limits_{n \to \infty} \| f_{0n} \|_n < \infty$。

$f_0 \in H_0$ 的范数由下式定义：

$$\| f_0 \| = \lim_{n \to \infty} \| f_{0n} \|_n$$

2.2 向量核函数

2.2.1 向量核的定义

基于支持向量机的核方法的基本思想可以概括如下：第一步，通过非线性变换 $\varphi(\cdot)$，将输入空间变换到一个高维的特征空间 F；第二步，在这个新的特征空间中求取特征空间的最优线性分类。事实上，我们在这个过程中不一定必须知道非线性变换 $\varphi(\cdot)$ 的具体解析表达式，我们只要知道怎样由 x,x' 来计算 $\langle \varphi(x), \varphi(x') \rangle$ 就够了，即 $k(x,x') = \langle \varphi(x), \varphi(x') \rangle$，其中 $k(x,x')$ 即为核函数。因此，即使是线性不可分的数据集，我们也可以采用核方法来对原始数据集进行非线性的模式分类。在这个过程中，核函数的选择对支持向量机分类判别的推广具有至关重要的理论和现实意义。在理论研究中，一个函数如果能够满足默瑟定理的条件，那么这个函数即可以成为可允许的支持向量机核函数。下面这个引理是默瑟定理的条件，它为我们提供了构造和判断核函数的一种简单方法。

引理 2.1[84,88] 对称函数 $k(x,x')$ 支持向量机核函数当且仅当使

$$\int_{R^d} g^2(\xi) d\xi < \infty$$

的所有 $g \neq 0$ 时，条件

$$\iint_{R^d \otimes R^d} k(x,x') g(x) g(x') dx dx' \geqslant 0 \tag{2-1}$$

成立。

支持向量机的核函数也可以是平移不变形式的，如

$$k(x,x') = k(x-x')$$

对于平移不变形式的核函数，我们有下面这个引理。它给出了平移不变形式的核

函数的一个充要条件。

引理 2.2[85] 平移不变核函数
$$k(x, x') = k(x - x')$$
是一个支持向量机核函数当且仅当 $k(x)$ 的傅里叶变换
$$F[k(w)] = (2\pi)^{-\frac{d}{2}} \int_{\mathbf{R}^d} \exp(-iwx) k(x) \mathrm{d}x \geqslant 0 \tag{2-2}$$
成立。

2.2.2 索伯列夫-希尔伯特空间上的核函数

因为平移不变形式的核函数需要满足引理 2.1 的条件,才能够构造希尔伯特空间上的一些核函数,下面我们给出一个具体的索伯列夫-希尔伯特(Soboler-Hilbert)空间 $H^1(\mathbf{R}; a, b)$ 上的一个核函数[62,87,88]:
$$G_{a,b}(x, x') = \frac{1}{2ab} \mathrm{e}^{-\frac{b}{a}|x-x'|} \tag{2-3}$$
则由该再生核函数产生的多维平移不变形式的核函数为
$$K(x, x') = K(x - x') = \prod_{i=1}^{d} G_{a,b}(x_i - x_i') \tag{2-4}$$
下面将给出该平移不变形式的核函数满足支持向量机核函数条件的证明过程。

定理 2.8[87] 索伯列夫-希尔伯特空间 $H^1(\mathbf{R}; a, b)$ 上的平移不变形式的再生核:
$$G_{a,b}(x, x') = \frac{1}{2ab} \mathrm{e}^{-\frac{b}{a}|x-x'|} \tag{2-5}$$
其傅里叶变换
$$\hat{G}_{a,b}(\omega) \geqslant 0$$

证明 因为式(2-5)是平移不变形式的函数,所以有
$$\hat{G}_{a,b}(\omega) = \int_{\mathbf{R}} \exp(-\mathrm{i}\omega x) G_{a,b}(x) \mathrm{d}x$$
$$= \int_{\mathbf{R}} \exp(-\mathrm{i}\omega x) \cdot \frac{1}{2ab} \mathrm{e}^{\frac{-b|x|}{a}} \mathrm{d}x$$
$$= \frac{1}{2ab} \int_{\mathbf{R}} \mathrm{e}^{\frac{-b|x|}{a} - \mathrm{i}\omega x} \mathrm{d}x$$
$$= \frac{1}{2ab} \left(\int_{0}^{+\infty} \mathrm{e}^{-(\frac{b}{a} + \mathrm{i}\omega)x} \mathrm{d}x + \int_{-\infty}^{0} \mathrm{e}^{(\frac{b}{a} - \mathrm{i}\omega)x} \mathrm{d}x \right)$$
$$= \frac{1}{2ab} \left[\frac{1}{\left(\frac{b}{a} + \mathrm{i}\omega\right)} \cdot \mathrm{e}^{-(\frac{b}{a} + \mathrm{i}\omega)x} \bigg|_{0}^{+\infty} + \frac{1}{\left(\frac{b}{a} - \mathrm{i}\omega\right)} \cdot \mathrm{e}^{(\frac{b}{a} - \mathrm{i}\omega)x} \bigg|_{-\infty}^{0} \right]$$

$$= \frac{1}{2ab}\left[\frac{1}{\frac{b}{a}+\mathrm{i}\omega}+\frac{1}{\frac{b}{a}-\mathrm{i}\omega}\right] = \frac{1}{2ab} \cdot \frac{2 \cdot \frac{b}{a}}{\left(\frac{b}{a}\right)^2+\omega^2}$$

$$= \frac{1}{b^2+a^2\omega^2} \geqslant 0$$

即

$$\hat{G}_{a,b}(\omega) \geqslant 0$$

定理 2.9[87]　函数

$$K(x,x') = \prod_{i=1}^{d} G_{a,b}(x_i,x_i') = \prod_{i=1}^{d} G_{a,b}(x_i - x_i') \tag{2-6}$$

是一个支持向量机核函数。

证明　由引理 2.2 仅需证

$$\hat{K}(\omega) = (2\pi)^{-\frac{d}{2}} \cdot \int_{\mathbf{R}^d} \exp(-\mathrm{i}\omega x) K(x) \mathrm{d}x \geqslant 0$$

即可。

$$\hat{K}(\omega) = (2\pi)^{-\frac{d}{2}} \cdot \int_{\mathbf{R}^d} \exp(-\mathrm{i}\omega x) K(x) \mathrm{d}x$$

$$= (2\pi)^{-\frac{d}{2}} \int_{\mathbf{R}^d} \exp(-\mathrm{i}\omega x) \prod_{i=1}^{d} \left(\frac{1}{2ab}\mathrm{e}^{-\frac{b}{a}|x_i|}\right) \mathrm{d}x$$

$$= (2\pi)^{-\frac{d}{2}} \prod_{i=1}^{d} \int_{-\infty}^{+\infty} \exp(-\mathrm{i}\omega_i x_i) \cdot \frac{1}{2ab}\mathrm{e}^{-\frac{b}{a}|x_i|} \mathrm{d}x_i$$

$$= (2\pi)^{-\frac{d}{2}} \cdot \prod_{i=1}^{d} \left(\frac{1}{2ab} \int_{-\infty}^{+\infty} \mathrm{e}^{-\frac{b}{a}|x_i|-\mathrm{i}\omega_i x_i} \mathrm{d}x_i\right)$$

由定理 2.8 得

$$\hat{K}(\omega) = (2\pi)^{-\frac{d}{2}} \cdot \prod_{i=1}^{d} \frac{1}{b^2+a^2\omega_i^2} = (2\pi)^{-\frac{d}{2}} \cdot \prod_{i=1}^{d} \hat{G}_{a,b}(\omega_i)$$

因为

$$\hat{G}_{a,b}(\omega_i) = \int_{\mathbf{R}} \exp(-\mathrm{i}\omega_i x) G_{a,b}(x) \mathrm{d}x \geqslant 0$$

所以

$$\hat{K}(\omega) \geqslant 0$$

2.2.3　基于再生核的组合核函数

支持向量机核函数的类型有许多,主要类型有两种[87]:全局(global)核函数(简称 G 核函数)和局部(local)核函数,全局核函数接收相距很远的数据也可以对核函数值的大小产生重要的影响,它的泛化性能较强,然而学习能力较弱;而局部核函数只允许相距很近的数据对核函数值的大小有较大的影响,它的学习能力较强,然而泛化性能较弱。基于以上分析,可以将两种核函数进行有效地组合,所得到的组合核函数能够融合对应普通单核函数的优势,从而构造性能更好的 SVM 模型。

本节中索伯列夫-希尔伯特空间 $H^1(\mathbf{R};a,b)$ 上的再生核函数(G 核函数)[87]

$$G_{a,b}(x,x') = \frac{1}{2ab}\mathrm{e}^{-\frac{b}{a}|x-x'|}$$

是局部核函数,如图 2-1 所示。

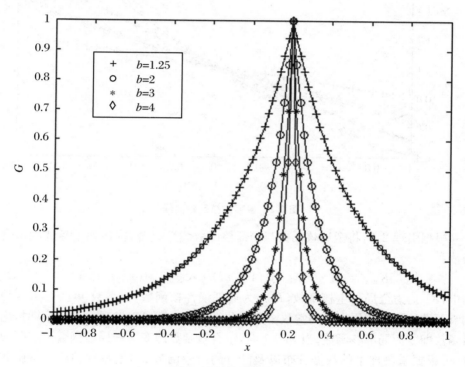

图 2-1　G 核函数曲线

图 2-1 显示了当核参数分别取 $a \cdot b$ 为 1,b 为 1.25,2,3,4 时的 G 核函数曲线[87,88]。

多项式(poly norminl)核函数是典型的全局核函数,表达式为

$$K_{\mathrm{poly}}(x,x') = (x \cdot x' + 1)^d$$

图 2-2 显示了当核参数 d 分别取 1,2,3,4 时的多项式核函数曲线[87,88]。

引理 2.3[21,88]　设 K_1 和 K_2 是在 $X \times X$ 上的核函数,$X \in \mathbf{R}_n$,常数 $a \geqslant 0$,则下面的函数仍是核函数:

(1) $K(x,x') = K_1(x,x') + K_2(x,x')$;

(2) $K(x,x') = a \cdot K_1(x,x')$。

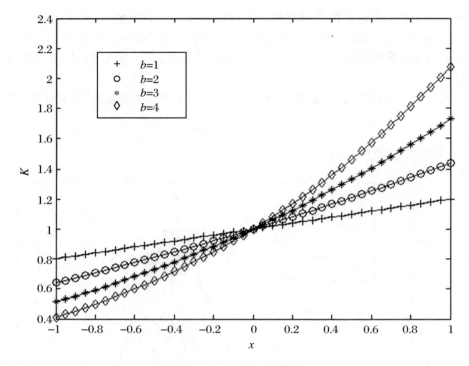

图 2-2 多项式核函数曲线

根据引理 2.3,将全局核函数与局部核函数线性组合,构造如下形式的组合核函数:

$$K_{\text{mix}} = m \cdot K_{\text{global}} + (1-m) \cdot K_{\text{local}} \quad (0 \leqslant m \leqslant 1) \quad (2\text{-}7)$$

其中,K_{global} 为全局再生核函数,K_{local} 为局部线性核函数,权系数 $m(0\leqslant m\leqslant 1)$ 为调节两种核函数作用大小的常数。分析此组合核函数可以发现,当 $m=0$ 时,组合核函数即变为局部核函数;当 $m=1$ 时,组合核函数即变为全局核函数。实际应用时,可根据采集样本的数据分布以及已有的经验调节 m,使得到的组合核函数更适合研究的对象。

图 2-3 所示为 m 分别取 0.6,0.7,0.8,0.9 时的组合核函数曲线图,其中测试点 $x_i=0.2, a \cdot b=1, b=2, d=2$。可以看出:组合核函数同时具有局部的多项式核函数和全局的 G 核函数的特性,远离以及靠近测试点 x_i 的数据都会对核函数的值产生较大影响。

图 2-4 给出组合核函数 SVM 建模的流程。

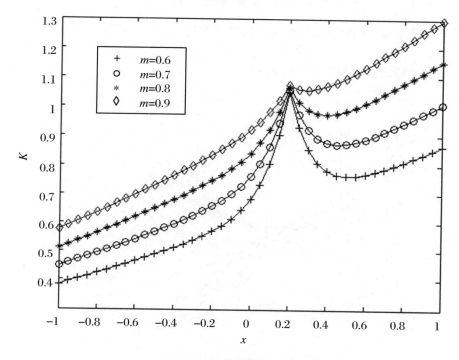

图 2-3 组合核函数曲线

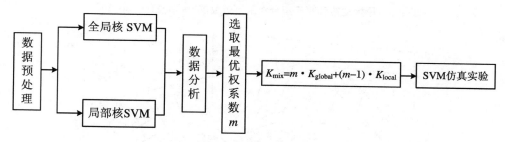

图 2-4 组合核函数 SVM 模式分析流程

2.2.4 仿真结果与分析

为了验证组合核支持向量机的模式分析性能，本节设计了下面两个仿真实验。在本节的仿真实验中，采用均方根误差[87]：

$$E_{ms} = \left(\frac{1}{N}\sum_{t=1}^{N}(y(t) - y^1(t))^2\right)^{\frac{1}{2}}$$

式中，$y(t)$ 为预测值，$y^1(t)$ 为实际值，t 为样本序列。

2.2.4.1 二元函数回归实验及结果分析

下面用本章中的组合核函数支持向量机回归拟合二元函数[87]：
$$z = (-x^2 + y^2) + e^{-x^2-y^2}$$
仿真实验结果如图 2-5 和图 2-6 所示。

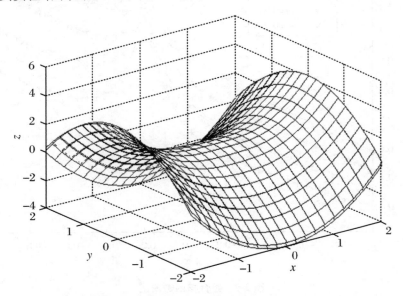

图 2-5　原始曲线和基于组合核的逼近曲线，观察点([-40,30])

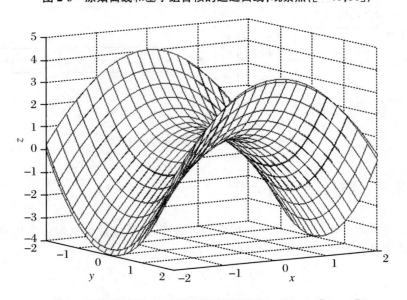

图 2-6　原始曲线和基于组合核的逼近曲线，观察点([55,10])

图 2-5 和图 2-6 是从不同的视角观察所得的二元函数图像,在这两个图像中,我们可以清楚地看到原始曲线和逼近曲线的接近程度,通过参数选优,可以使得组合核的逼近误差小于单核多项式核和 G 核的逼近误差。通过对二元函数的回归实验分析可以看出,基于再生核的组合核函数不仅具有核函数的非线性映射特征,而且也继承了核函数对非线性逐级精细逼近的特征,回归拟合的效果比较细腻。

2.2.4.2 酒品鉴别实验及结果分析

葡萄酒作为一种越来越流行的健康饮品,对其品质的鉴别分类日益受到关注。本实验对源自 UCI 数据库的葡萄酒数据进行分类研究[87],基于索伯列夫-希尔伯特空间上的再生核给出的组合核函数,利用 LIBSVM[119] 对高维复杂的葡萄酒属性数据进行分类,准确率高达 99%,因此,该模型为对葡萄酒品质进行快速有效的评判提供了新的理论依据。

在 Wine(葡萄酒)数据中,将第一类的 1~40、第二类的 60~105、第三类的 131~163 作为训练集:

train = [wine(1:40,:);wine(60:105,:);wine(131:163,:)];

对相应的训练集的标签做如下分离:

train_labels = [labels(1:40);labels(60:105);labels(131:163)];

将第一类的 41~59、第二类的 106~130、第三类的 164~178 作为测试集:

test = [wine(41:59,:);wine(106:130,:);wine(164:178,:)];

对相应的测试集的标签做如下分离:

test_labels = [labels(41:59);labels(106:130);labels(164:178)];

基于再生核的组合核函数支持向量机分类识别实验的结果如图 2-7 所示。

本节基于再生核理论和支持向量机方法,给出了一种称为基于再生核的组合核函数支持向量机的机器学习方法,利用希尔伯特空间 $H^1(\mathbf{R};a,b)$ 上的再生核给出了 SVM 的一个新的组合核函数,实验结果表明,基于再生核的组合核支持向量机具有良好的理论价值和应用价值。

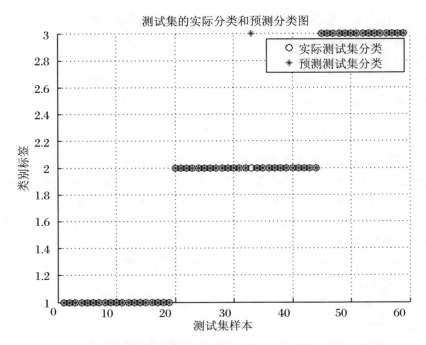

图 2-7　基于再生核的组合核函数支持向量机分类识别实验的结果

2.3　图　　核

  目前基于图的研究主要有两类：一是使用图嵌入算法将图嵌入到向量空间[86]中；二是使用图核方法[23,30,34]。第一类是将图转化为向量，进而将向量核直接应用到图数据，然而，将图转化为向量时将丢失大量的图结构特征，因此，不能很好地反映出原始图数据的结构特征。对于图数据集，使用第一种方法，将导致不管用什么样的模式学习算法都不能很好地对原始图数据集进行有效的有监督学习和无监督学习。第二类是利用能够处理图数据的图核，它既保留了向量核函数的优点，也能够保留图数据在高维希尔伯特空间中的结构信息。因此，图核方法成了结构模式识别核方法领域中的一大研究热点。近年来，核方法因具有坚实的理论基础及广泛的推广前景，在很多领域已经产生越来越大的影响。基于核的机器学习方法除了适用于以特征向量表示的模式之外，还适用于结构化数据的模式表示，前者对应向量核方法，后者对应图核方法。图核表达结构化数据的形式比较灵活，它除了能够描述模式的特性外，还能够体现物体不同部分之间的结构关系信息。

  目前，基于图核的机器学习方法在模式识别、机器学习、数据挖掘等相关研究领域得到了极为广泛的关注与应用,这已成为图像结构信息描述和应用领域研究的一个重要方向。图核的概念是由 Gärtner 等首次提出[6]的,他们提出的直积图核计算出了在随机游走中含有相同标签的节点数,同时也包含了衰减系数来确保收敛,并很快由 Borgwardt 等[27-29]进行了推广,他们基于成对图中具有相同长度的最短路径的数目提出了最短路径核。目前图核主要有以下三类:

(1) 通路核[28,40]

这类核是基于分析图的通路得到的,是通过计算两个图的公共通路数目来度量两个图的相似性的。如最短路径核[28]、基于社交网络推荐的随机游走图核、基于直方图核和生成树核的组合图核等。然而,通路核允许不同通路有相同的边和顶点,因此不同的图在通路核特征空间可能被映射到相同的点,这错误地提高了图的相似性。

(2) 扩散核[41-45]

这种核是通过一个相似性度量来构造核矩阵的,这个相似性只需要对称性来保证核矩阵的半正定性,如基于统计流行学习的扩散核。然而其缺点就是随着衰变因子的变化,只能实现图的近似度量。

(3) 卷积核[24,46,47]

卷积核函数[25]最初是由 Collins 和 Dufy 于 2001 年提出的,该方法是将图分解为所有子图的集合,进而在子图中两两进行比较,再根据各子图相似性的结果来计算图的相似性。

图是研究对象与对象之间结构化关系的重要方法,由于传统的核是基于向量数据而设计的(即向量核),其限定了向量的长度,且不能体现出数据间的结构信息,因此,传统向量核方法无法应用于图结构数据,为此,图核应运而生。目前,大多数图核方法主要是基于斯坦福大学的 Haussler 教授在 1999 年提出的 R 卷积理论定义的[24,164],该方法是目前应用最广泛的图核定义方法。给定一对图结构 $G_1(V_1, E_1)$ 与 $G_2(V_2, E_2)$,我们用 $\{S_{1;1}, \cdots, S_{1;n_1}, \cdots, S_{1;N_1}\}$ 与 $\{S_{2;1}, \cdots, S_{2;n_2}, \cdots, S_{2;N_2}\}$ 分别表示图 G_1 与 G_2 基于某一种分解方法生成的子结构集合,则一个基于图分解的 R 卷积图核可以被定义如下:

$$k_R(G_1, G_2) = \sum_{n_1=1}^{N_1} \sum_{n_2=1}^{N_2} \delta(S_{1;n_1}, S_{2;n_2}) \tag{2-8}$$

其中,$\delta(S_{1;n_1}, S_{2;n_2})$ 满足

$$\delta(S_{1;n_1}, S_{2;n_2}) = \begin{cases} 1 & (S_{1;n_1} \text{ 与 } S_{2;n_2} \text{ 同构}) \\ 0 & (S_{1;n_1} \text{ 与 } S_{2;n_2} \text{ 不同构}) \end{cases} \tag{2-9}$$

公式(2-9)是一个狄拉克(Dirac)核函数,即若 $S_{1;n_1}$ 与 $S_{2;n_2}$ 同构,则 $\delta(S_{1;n_1}, S_{2;n_2})$ 为 1,否则为 0。公式(2-8)表明,任何一种新的图分解方法都可以定义一个新的图核。根据图的子结构类型或者图的结构分解方法的不同,R 卷积图核主要分类

如下。

2.3.1 基于游走的图核

Gärtner 等提出了一种基于计算两个图结构间共同步数的随机游走核函数[6]。给定一对图结构 G_1 与 G_2，$G_\times$ 是 G_1 与 G_2 的直积图结构[164]，$V_\times$ 是 $G_\times$ 的顶点集合，$A_\times$ 是直积图 $G_\times$ 的邻接矩阵，则一个随机游走核 k_{RW} 被定义如下：

$$k_{RW}(G_1, G_2) = \sum_{u,v \in V_\times} \sum_{k=0}^{\infty} \varepsilon^k [A_\times^k](u,v) \quad (2\text{-}10)$$

其中，$[A_\times^k](u,v)$ 表示顶点 u 与 v 间长度为 k 的随机游走通道数量。此外，$0<\varepsilon<1$ 是一个权重衰减系数，该系数可以避免较长的随机游走通道在 k 值比较大的情况下过多地影响核函数的值。该图核是一个正定的图核函数[6]。在大多数情况下，通过公式(2-10)可能无法直接计算随机游走核函数的值。因此，利用随机通道的生成函数，将公式(2-10)重新定义如下[164]：

$$k_{RW}(G_1, G_2) = q_\times^T (I - \varepsilon A_\times)^{-1} p_\times \quad (2\text{-}11)$$

其中，$q_\times$ 是随机游走通道在直积图上始点的概率分布，$p_\times$ 是随机游走通道在直积图上终点的概率分布，I 是相应的单位矩阵。基于随机游走的另一个图核是 Kashima 等提出的边缘图核[8]，它与两个图结构间随机游走核的基于随机游走的共同步数略有不同，边缘图核的思想是比较随机游走通道的标签序列。与 Gärtner 等设计的基于随机游走的图核函数相比，Kashima 等[8]的边缘图核可以将点与边的标签信息定义到图核函数中进行计算，因此能够更加准确地反映图的结构信息，且分类识别性能更好，目前，已在生物学、神经网络、社交网络与模式识别等领域得到广泛的应用[89,90]。

2.3.2 基于路径的图核

尽管随机游走图核在应用领域取得了很大成功，然而上节所讨论的两个图核仍存在不足之处[164]：第一，因为需要对任意可能的随机游走通道进行比较，所以这两个图核的计算复杂度均很高。第二，它们所对应的随机游走通道均没有考虑路径回溯的情况。所以，随机游走的通道可能会包含大量的顶点与边的重复信息，造成计算上的冗余。为此，Borgwardt 等[28]提出了一种最短路径图核。给定两个非权重图 $G_1(V_1, E_1)$ 与 $G_2(V_1, E_2)$，最短路径图核可被定义为

$$K_{SP}(G_1, G_2) = \sum_{s_1 \in S(G_1)} \sum_{s_2 \in S(G_2)} \delta(s_1, s_2) \quad (2\text{-}12)$$

其中，$S(G_1)$ 和 $S(G_2)$ 分别为图 $G_1(V_1, E_1)$ 与 $G_2(V_1, E_2)$ 的所有最短路径所构成的集合，s_1 与 s_2 分别表示图 $G_1(V_1, E_1)$ 与 $G_2(V_1, E_2)$ 的一对最短路径，$\delta(s_1, s_2)$ 为狄拉克函数。因为最短路径没有回溯的通道，所以最短路径图核可完全避免

路径回溯情况。在大多数数据集上,最短路径图核能够战胜所有游走图核,并且能够在多项式时间内被计算。最短路径图核能够较好地表达图数据集的结构信息,可以避免震荡现象。因为相同的边在同一最短路径中不会重复两次,并且最短路径图核排除了路径回溯的情况,在访问最短路径时不会出现包含大量的顶点与边的重复信息,所以避免了计算冗余[164]。此外,所有的最长路径都是 NP-问题,顶点之间的最短路径是蛋白质分子、社交网络以及脑网络等图数据集特有的,所以如果我们在图数据集中使用最长路径、平均路径或者其他游走路径来表达图的结构信息可能比使用最短路径更准确、更合理。因此,对于不同的问题,我们需要有针对性地定义特定的图核来分析和解决特定图数据集的模式识别问题,所以进一步学习和研究新的图核是非常必要的。

2.3.3 基于子树结构的图核

事实上,因为随机游走与路径的图核性质仍存在不足,这些图核所关注的子结构相对又都比较简单,无法完整地反映图的拓扑结构信息,所以,出现了相对复杂的子树结构,如,WL 子树图核[12]。该图核的思想是基于一维 WL 同构测试算法来寻找一对图结构中同构的子树结构。给定一对结构图和迭代次数 h,使用一维 WL 同构测试算法,我们得到两个顶点标签增强后的图序列。我们进行相应的序列压缩,经过 h 次迭代,最终可设计出基于子树结构的图核。WL 子树图核实质上是计算了两个图结构间同构的子树的对数。

假设将 WL 同构判定算法迭代 h 次后得到的图记为 $G_h(V,E)$,将迭代过程中得到的所有 WL 序列的集合表示为[12]

$$\{G_0, G_1, \cdots, G_h\} = \{(V, E, l_0), (V, E, l_1), \cdots, (V, E, l_h)\}$$

其中,h 表示最大迭代次数,l 为图的标签信息。在迭代过程中,随着 i 的增加,两个图对应的子结构的序列越来越长,通过 WL 算法,将图的顶点特征重新进行描述,更细化地描述图的结构信息。设 k 是图的基本核,基于 WL 的图核可以形式统一地定义为[12]

$$k_{\text{WL}}^{(h)}(G, G') = k(G_1, G_1') + k(G_2, G_2') + \cdots + k(G_h, G_h')$$

其中,h 为 WL 算法的迭代次数,$\{G_0, G_1, \cdots, G_h\}$ 和 $\{G_0', G_1', \cdots, G_h'\}$ 分别为图 G 和 G' 对应的 WL 序列。在每一次迭代过程中,还可以为基核函数增加一个非负的实数值作为权重,从而得到更一般性的 WL 图核表达形式[12]:

$$k_{\text{WL}}^{(h)}(G, G') = \alpha_1 k(G_1, G_1') + \alpha_2 k(G_2, G_2') + \cdots + \alpha_h k(G_h, G_h')$$

WL 子树图核与随机游走图核和最短路径图核相比,不但能表达更为丰富的图拓扑结构信息,而且其计算复杂度也仅仅为 $O(n^2)$。与经典的随机游走图核类似,该子树图核也存在路径回溯这一缺点,这是因为一维 WL 算法生成的增强顶点标签所对应的子树结构通常包含了大量重复的边与顶点。尽管如此,WL 子树图核仍具备较好的分类性能，是目前图核函数中性能最好的图核。

2.3.4 基于子图结构的图核

graphlet 图核是一类具有代表性的基于子图结构定义的 R 卷积图核[91,92]，它是基于比较两个图结构间 graphlet（图形）的分布定义的[164]。graphlet 是指图结构中的一个小尺寸的子图结构，通常包含 3~5 个顶点。一对同构的图一般有相同的 graphlet 分布。给定一组图集合 $\{G_1, G_2, \cdots, G_N\}$，其所有由 k 个顶点所组成的 graphlet 集合为 $G = \{g(1), g(2), \cdots, g(i), \cdots, g(n)\}$。若 $f(i)$ 为图 G_a 中所包含的 graphlet 结构 $g(i)$ 的个数，则有图 G_a 的 n 维 graphlet 个数所构造出的向量为

$$F_{G_a} = \{f_a(1), f_a(2), \cdots, f_a(i), \cdots, f_a(n)\}^\mathrm{T}$$

因此，graphlet 图核可被定义为

$$K_G(G_a, G_b) = D_{G_a}^\mathrm{T} \cdot D_{G_b}$$

其中

$$D_{G_a}^\mathrm{T} = \frac{f_a(p)}{\sum_{p=1}^{M} f_a(p)}$$

与随机游走的图核相比[164]，graphlet 图核的优点是其具有较适中的计算复杂度，适用于大尺寸的图数据集，譬如图包含几千个边、几百个顶点等。此外，它在无标签图数据集上的优势是非常明显的，且运算较高效。它与 WL 子树图核相比，其欠缺能够表达图顶点标签信息的手段，且不适用于具有多标签信息的图的数据集。

2.3.5 其他基于 R 卷积的图核函数

通过对以上几类图核的分析，我们得出如下有关 R 卷积图核的结论[164]：定义一类 R 卷积图核的关键是定义一个有效的图子结构分解方法，这个方法决定了所定义的 R 卷积图核的计算性能、效率以及应用的范围，因此，定义一种有效的图的子结构分解方法对一个优秀图核的设计非常重要。目前，经典的基于 R 卷积图核大多是基于上述几种图结构分解方法来定义的。除了以上几类图核外，还有以下几种类型：

（1）Harchaoui 与 Bach 定义的分割图核[93]

这是基于对图像进行分割之后的图结构而设计的图核，该图核由各自图的子树模式的软匹配计算而得到。

（2）Wang 与 Sahbi 定义的右向非循环图核[94]

这是针对视频右向非循环图而设计的一种卷积图核，它是通过计算图的子模式的图谱来定义图核的。

(3) Nils 等定义的子图匹配图核[95]

该方法通过灵活的得分方案来比较子图间的顶点和边属性的相似性,实验效果比较理想。

(4) Bach 等提出的局部图核

图的局部包含图的形状、线条或任何三维子图,局部图核是基于图的协方差矩阵及其概率图模型分解而得到的,并已经被用于对手写体数字和汉字的模式识别中[96]。

(5) Xu 等基于 WL 图核框架定义的组合图核[97]

这种图核被应用于蛋白质分子、生物分子等结构的数据集中,能够得到较好的分类结果。

以上这些是近年来非常优秀的图核。

2.4 本章小结

本章介绍的是模式识别核方法的基本知识和基本定理,给出了再生核的相关理论、再生核的定义及相关例题、再生核的基本性质及基本定理、向量核的定义、向量核的例子、组合核函数的例子以及图核的基础理论。通过这些定义、性质、定理等,可以提高对核方法的认识,有助于读者更好地理解接下来的研究内容以及相关结论。

第 3 章　基于 H^2 空间上再生核的多核学习

再生核希尔伯特空间的构建是基于一系列双射函数或者变换理论基础之上的,它的核心是对希尔伯特空间上的一系列半正定函数以及它们的相关理论的研究和应用。近年来,再生核希尔伯特空间在模式识别和机器学习领域的应用得到了广泛的研究。本章将提出一种具有再生性的多核学习方法(MKLRP),并用此方法来完成一些模式分类任务。MKLRP方法的建立主要是通过下面两个过程来完成的:第一,通过狄拉克函数介绍一类广义微分方程的基本解,然后证明这个基本解是 H^2 空间上的再生核(HRK);第二,证明这个 H^2 空间上的再生核满足默瑟核的条件,设计一种基于 H^2 空间上的再生核的多核学习方法,并用大量的实验验证所提出的算法的有效性。

3.1　多核的概念

单一的核函数性能可能会存在某些不足,并且不同的核机器学习方法有不同的学习能力,于是组合核函数成为众多研究者的关注点[98,99]。近年来,在核机器学习领域里出现了很多组合核方法来代替单个核函数[87,88],组合核可以融合各单个核的优点,融合生成性能更好的核函数,从而得到性能更好的核机器。不管怎么组合单核来得到新核,一般认为,组合核的性能都会优于单核支持的向量机[100-105]。组合核的优势主要在于可融合不同核的优点,弥补单核的缺陷,核的组合方式可以多样化,但在大多数的应用研究中,一般更倾向于将单核进行简单融合。

不同的核方法来自于不同的特征子集的相似性概念。就图像分类而言,可以用到图像空间特征、相关纹理特征、相关颜色特征等,若它们共用同一个核函数,不一定能够在所有的数据集上都得到最优的映射,因为这些不同特征所对应的最佳核函数不一定是相同的,有鉴于此,就产生了多核学习的理论。简单地说,多核学习就是将一些基本核函数,如线性核、多项式核、RBF 核、Sigmoid 核等,通过线性组合来构造最终的核函数,这就是多核的概念[106-110]。通过参数优化能够得到这个线性组合中每个核函数的最优权重,从而得到最优的基于核机器学习的分类器。

假定 x_i 是目标的一个样本，$K_m(x_i,x_j)$ 是第 m 个核函数，d_m 是给定第 m 个单核的权重，多核表达式可以写成

$$K(x_i,y_i) = \sum_{m=1}^{M} d_m k_m(x_i,y_i) \quad \left(\sum_{m=1}^{M} d_m = 1, d_m \geqslant 0\right)$$

组合核的权重可以通过下面方程求得：

$$\min \sum_m \frac{1}{d_m} w_m w_m^{\mathrm{T}} + C \sum_i \xi_i$$

$$y_i \sum_m \varphi_m(x_i) + y_i b \geqslant 1 - \xi_i$$

$$\forall i, \xi_i \geqslant 0, d_m \geqslant 0, \forall m, \sum_m d_m = 1$$

其中，b 是偏置，ξ_i 是样本数据的松弛变量，C 是正则化参数，我们的多核方法将利用梯度下降法最终求得最优解。

进一步，基于二分类的多核决策函数形式如下：

$$F_{\mathrm{MKL}}(x) = \mathrm{sign}\Big[\sum_{m=1}^{M}(d_m \cdot k_m(x)^{\mathrm{T}}\alpha + b)\Big]$$

与传统的单核支持向量机不同的是，除了要学习 w 与 b 外，这里的多核学习还需要学习线性组合权重 d_m，相应的决策函数和损失函数也将会有变化。最经典的多核学习有 LS-MKL[108]，SimpleMKL[111]，SMO-MKL[113]，GMKL[112] 和 SPG-GMK[112] 等。

3.2 $H^2(\mathrm{R})$ 空间上的向量核函数

3.2.1 $H^2(\mathrm{R})$ 上的再生核

狄拉克函数（$\delta(x)$）是一个广义函数，在物理学中常用其表示质点、点电荷等理想模型的密度分布[114]。为了在数学上理想地表示出这种密度分布，引入了狄拉克函数的概念，用数学表示为

$$\begin{cases} \delta(x) = 0 & (x \neq 0) \\ \int_{-\infty}^{+\infty} \delta(x)\mathrm{d}x = 1 & (x = 0) \end{cases}$$

这一表达式不规定狄拉克函数在 0 点的取值是因为这个值无法严谨地表述出来，不能笼统地定义为正无穷，且由于函数取值的"大小"是由第二个积分式决定的，因此只需限定取值为零的区域即可[114]。

定义 3.1 $H^2(\mathbf{R}) = \{u(x) \mid u'(x)$ 是 $\mathbf{R}$ 上的绝对连续函数,$u(x)$,$u'(x)$ 和 $u''(x) \in L^2(\mathbf{R})\}$,在 $H^2(\mathbf{R})$ 上的内积被定义为

$$\langle u,v \rangle_{H^2(\mathbf{R})} = \int_{\mathbf{R}} (uv + 2u'v' + u''v'')\mathrm{d}x \quad (\forall u,v \in H^2(\mathbf{R}))$$

其中,范数 $\|\cdot\| = \langle u,v \rangle^{1/2}$。

在下面的定理中,我们使用狄拉克函数讨论广义微分算子的基本解[114-117]。

定理 3.1 设 $K_2(x)$ 是 $L = 1 - 2\dfrac{\mathrm{d}^2}{\mathrm{d}x^2} + \dfrac{\mathrm{d}^4}{\mathrm{d}x^4}$ 的基本解,则 $K_2(x-y)$ 是空间 $H^2(\mathbf{R})$ 上的再生核。

证明 注意到

$$L(K_2(x)) = \delta(x)$$

可得

$$K_2^{(4)} - 2K_2'' + K_2 = \delta(x) \tag{3-1}$$

对式(3-1)作傅里叶变换,得到

$$F(K_2^{(4)}) - 2F(K_2'') + F(K_2) = F(\delta(x)) \tag{3-2}$$

由式(3-2)得到

$$(\mathrm{i}w)^4 F(K_2) - 2(\mathrm{i}w)^2 F(K_2) + F(K_2) = 1 \tag{3-3}$$

由式(3-3)进一步有

$$F(K_2) = \frac{1}{(1+\omega^2)^2} \tag{3-4}$$

求式(3-4)的逆变换,得到

$$K_2(x) = F^{-1}\left[\frac{1}{(1+\omega^2)^2}\right] = \frac{1}{4}\mathrm{e}^{-|x|}(1+|x|)$$

另外,定义函数

$$K_2(x,y) = K_2(x-y) = \frac{1}{4}\mathrm{e}^{-|x-y|}(1+|x-y|) \tag{3-5}$$

则 $K_2(x,y)$ 显然满足定义 2.1 的条件(1)。

进一步地,利用式(3-5)得到

$$\langle u(y), K_2(x-y) \rangle_{H^2(\mathbf{R})}$$
$$= \int_{\mathbf{R}} (u(y)K_2(x-y) + 2u'(y)K_2'(x-y)$$
$$\quad + u''(y)K_2''(x-y))\mathrm{d}x$$
$$= \langle u(y), K_2(x-y) \rangle_{L^2(\mathbf{R})} + \langle u(y)', K_2'(x-y) \rangle_{L^2(\mathbf{R})}$$
$$\quad + \langle u(y)'', K_2''(x-y) \rangle_{L^2(\mathbf{R})}$$
$$= \frac{1}{2\pi}\langle \hat{u}(\omega), \mathrm{e}^{\mathrm{i}x\omega}\hat{K}_2(\omega) \rangle_{L^2(\mathbf{R})} + \frac{2}{2\pi}\langle \mathrm{i}\omega\hat{u}(\omega), \mathrm{i}\omega\mathrm{e}^{\mathrm{i}x\omega}\hat{K}_2(\omega) \rangle_{L^2(\mathbf{R})}$$
$$\quad + \frac{1}{2\pi}\langle (\mathrm{i}\omega)^2\hat{u}(\omega), (\mathrm{i}\omega)^2\mathrm{e}^{\mathrm{i}x\omega}\hat{K}_2(\omega) \rangle_{L^2(\mathbf{R})}$$

$$= \frac{1}{2\pi}\langle \hat{u}(\omega), e^{ix\omega}\hat{K}_2(\omega)(1+2\omega^2+\omega^4)\rangle_{L^2(\mathbf{R})}$$

$$= \frac{1}{2\pi}\langle \hat{u}(\omega), e^{ix\omega}\left[\frac{1}{(1+\omega^2)^2}\right](1+2\omega^2+\omega^4)\rangle_{L^2(\mathbf{R})}$$

$$= \frac{1}{2\pi}\langle \hat{u}(\omega), e^{ix\omega}\left[\frac{1}{(1+\omega^2)^2}\right](1+\omega^2)^2\rangle_{L^2(\mathbf{R})}$$

$$= \frac{1}{2\pi}\langle \hat{u}(\omega), e^{ix\omega}\rangle_{L^2(\mathbf{R})}$$

$$= F^{-1}(\hat{u}(\omega)) = u(x)$$

则 $K_2(x,y) = K_2(x-y)$ 满足定义 2.1 的条件(2),因此,$K_2(x,y) = K_2(x-y)$ 是 $H^2(\mathbf{R})$ 空间上的一个再生核。

性质 3.1[117] 设 $K_2(x)$ 是来自公式(3-5)的函数,则:

(1) $K_2(x)$ 是连续可导的,并且 $K_2'(x)$ 是小波函数;

(2) $K_2(x)$ 有奇数阶消失矩。

证明 (1) 因为

$$K_2'(x) = -\frac{1}{4}x e^{-|x|}$$

所以

$$\int_{\mathbf{R}} K_2'(x) dx = 0$$

$$F(K_2'(\omega)) = \frac{i\omega}{(1+\omega^2)^2}$$

且

$$F(K_2'(0)) = 0$$

因此,$K_2'(x)$ 是小波函数。

(2) 事实上,由表达式 $K_2(x)$ 和 $K_2'(x)$,我们容易证明

$$\int_{\mathbf{R}} x^{2n+1} K_2(x) dx = \int_{\mathbf{R}} x^{2n+1} \frac{1}{4} e^{-|x|}(1+|x|) dx = 0$$

其中,n 是一个非负整数。

性质 3.2[117] 设 $K_2(x,y)$ 是来自公式(3-5)的函数,则:

(1) $K_2(x,y)$ 是对称的;

(2) $K_2(x,y)$ 是连续可导的。

证明 (1) $K_2(x,y) = K_2(x-y) = \frac{1}{4}e^{-|x-y|}(1+|x-y|)$

$$= K_2(y-x) = K_2(y,x);$$

(2) $\frac{\partial^2 K_2(x,y)}{\partial x \partial y} = \frac{1}{4}e^{-|x-y|}(1-|x-y|)$。

通过性质 3.1 和性质 3.2 可以得出 $K_2(x,y)$ 具有一个良好的局部性质。如

果 $K_2(x,y)$ 满足默瑟定理的条件,则它是一个有良好局部性质的可允许的支持向量机核函数。本书将在下一节中讨论这些性质。

3.2.2 具有再生性的默瑟核

再生核函数具有良好的性质,如奇数阶消失矩、对称性、正则性等[64,87],再生核函数及相应的再生核希尔伯特空间在函数逼近和正则化理论中扮演着很重要的角色。不同核的支持向量机具有解决不同实际问题的能力,因为此构造能处理非线性领域中具有逼近函数特性的再生核函数,并基于此再生核函数设计具有再生性的多核学习方法,具有非常重要的研究价值。下面讨论再生核 $K_2(x,y)$ 和默瑟核的关系。

定理 3.3 设 E 是一个非空集合,并且 E 是 $\mathbf{R}^n$ 上的非空子集,希尔伯特空间 $H^2(\mathbf{R})$ 上的再生核 $K_2(x,y)$ 在 $E \times E$ 上是半正定的 Mercer 核。

证明 设 $[H, \langle \cdot, \cdot \rangle_H]$ 是希尔伯特空间,函数 $K_2(x,y)$ 来自于公式(3-5),它是希尔伯特空间上的一个再生核。

$$(1) \sum_{i,j=1}^{n} c_i \bar{c}_j K(x_i, x_j) = \sum_{i,j=1}^{n} c_i \bar{c}_j \langle K(\cdot, x_i), K(\cdot, x_j) \rangle$$
$$= \langle \sum_{i=1}^{n} c_i K(\cdot, x_i), \sum_{j=1}^{n} \bar{c}_j K(\cdot, x_j) \rangle$$
$$= \| \sum_{i=1}^{n} c_i K(\cdot, x_i) \|^2$$
$$\geq 0$$

因此,再生核 $K_2(x,y)$ 是半正定核。

(2) 由定义 2.1 知,对于任意 $f \in H$ 和任意 $x \in E$,有
$$f(x) = \langle f(\cdot), K(\cdot, x) \rangle \tag{3-6}$$
则对于 $\forall (x, x') \in E \times E$,假设
$$f(\cdot) = K(\cdot, x') \tag{3-7}$$
则由式(3-6)和式(3-7),得
$$K(x, x') = \langle K(\cdot, x'), K(\cdot, x) \rangle \tag{3-8}$$
如果定义映射
$$\Phi: E \to H$$
$$\Phi(x) = K(\cdot, x) \tag{3-9}$$
其中,任意 $x \in E$,则由式(3-8)和式(3-9),有
$$k(g, g') = \langle \Phi(g), \Phi(g') \rangle$$
其中,$x, x' \in E$。因此,我们得到再生核 $K_2(x,y)$ 是半正定核,并且是 $E \times E$ 上的默瑟核,同时,默瑟核 $K_2(x,y)$ 反映了希尔伯特空间上的再生性。

假定 $K_2(x,y)$ 是一维的,那么多维的 HRK 能够被张量理论定义为

$$K(x,x') = K(x-x') = \prod_{i=1}^{d}\left[\frac{1}{4}\mathrm{e}^{-|x_i-x'_i|}(1+|x_i-x'_i|)\right] \quad (3\text{-}10)$$

其中，$x = (x_1, x_2, \cdots, x_d) \in \mathbf{R}^d$。再生核(3-10)是局部再生核函数，其图像如图3-1所示。

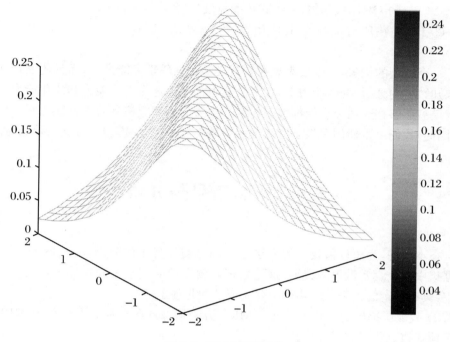

图 3-1　HRK 曲面图像

在本章中，假定 $x_i = \dfrac{y_i}{\delta}$，则 HRK 函数(3-10)被定义为

$$K_{\mathrm{HRK}}(y_i, y'_i) = \prod_{i=1}^{d}\left[\frac{1}{4}\mathrm{e}^{\frac{-|y_i-y'_i|}{\delta}}\left(1 + \frac{-|y_i-y'_i|}{\delta}\right)\right]$$

其中，核参数宽度为 δ。

3.3　$H^2(\mathbf{R})$空间上的多核学习

在本章中，我们研究将两个基函数映射到一个模型中通过不同参数的核函数的组合来表示目标特征的情况，所选用的核函数是我们提出的 HRK 和多项式核函数，即

$$K_{\mathrm{HRK}}(y_i, y'_i) = \prod_{i=1}^{d}\left[\frac{1}{4}\mathrm{e}^{\frac{-|y_i-y'_i|}{\delta}}\left(1 + \frac{-|y_i-y'_i|}{\delta}\right)\right]$$

$$K_{\text{poly}}(x, x') = (\langle x, x' \rangle + c)^q = \sum_{i=0}^{q} \binom{q}{i} c^{q-i} \langle x, x' \rangle^i$$

对于核参数,使用下面两种设置:

① 在所有特征上,都选择具有 33 个宽度($1.1^{(-5,-4,\cdots,5)}$, $1.5^{(-5,-4,\cdots,5)}$, $2^{(-5,-4,\cdots,5)}$)的 HRK 核函数,多项式核的宽度选择 $1, 2, \cdots, 10$。

② HRK 在所有的特征上使用 33 个宽度值($1.1^{(-5,-4,\cdots,5)}$, $1.5^{(-5,-4,\cdots,5)}$, $2^{(-5,-4,\cdots,5)}$)。

一个模型的优劣,不仅仅表现在它对已知数据的学习能力上,而且还表现在它对未知数据的分析、处理能力上,这两个能力常常被称为学习能力和泛化能力。很少有模型能够在这两个方面都表现优良。优秀的模型应该具备内推能力和外延能力,因此,我们可以使用多核学习来代替单核学习,从而使模型获得这两种能力。

3.4 实验结果与分析

在本节中,为了评估我们的方法在不同分类任务中的效能,将选取 UCI 公用数据集中几个真实世界的数据,这些数据被频繁地应用于不同机器学习的分类实验中,具有一定的代表性。实验主要完成下面几项工作:

① 验证所提出的具有再生性的 MKL 方法是否具有比典型的单核(如 RBF 核和多项式核)更好的分类能力。

② 比较迹范数和非迹范数,验证所提出的再生性多核方法在迹范数和非迹范数条件下的学习能力。

③ 计算不同的多核方法的有效核个数。

④ 验证在分类任务中,新提出的多核学习方法是否优于已有的多核学习方法。

利用 LIBSVM[119] 来进行这一多核实验,采用交叉验证的方式可得到比较精确的结果,选取 70% 的数据为训练样本,而剩余的 30% 将成为测试样本。对 LIBSVM 中所有的参数我们都选择最优值,每种方法都运行 10 次,最终求出 10 次结果的平均值。表 3-1 和图 3-2 展示了所有的实验结果。

下面,将验证各种方法的效能,以此验证多核设置应该使用哪种参数设置。为了公平起见,所有的实验设置都是相同的,实验数据选择广泛使用的 UCI 公用数据集。

在 R&P_MKL 和 HRK&P_MKL 中,我们用参数设置①,在 R_MKL 和 HRK_MKL 中,我们使用参数设置②[118]。表 3-1 给出了在数据集上的分类精度,并将最好的分类结果特别标记。其中,R_MKL 表示基于 RBF 核的多核学习,R&P_MKL

表示基于 RBF 核和多项式核的多核学习,HRK_MKL 表示基于 HRK 核的多核学习,HRK&P_MKL 表示基于 RBF 核和多项式核的多核学习。

表 3-1 多核学习对比单核学习

数据集	多项式核	RBF核	HRK核	R&P_MKL核（参数设置①）	R_MKL核（参数设置②）	HRK&P_MKL核（参数设置①）	HRK_MKL核（参数设置②）
糖尿病集	75.58	76.00	76.11	76.93	77.32	77.01	**77.96**
Fourclass集	79.74	80.15	93.07	81.43	99.90	84.63	**99.93**
Heart集	78.11	82.77	80.55	**83.70**	80.86	82.72	82.35
Ionosphere集	89.80	91.68	94.97	95.14	94.72	94.06	**95.79**
Sonar集	84.85	77.40	87.20	76.03	84.13	78.10	**88.30**
Pima集	76.13	76.69	76.18	76.02	76.58	75.76	**76.87**
Liver集	70.03	58.08	70.05	66.83	69.33	**71.44**	69.04

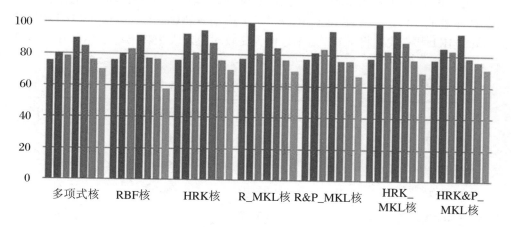

图 3-2 不同核方法的分类精度比较

图 3-2 以直方图来展示不同方法的分类精度。从表 3-1 和图 3-2 中能够得到两个结论:

① 基于在 UCI 数据集所提出的具有再生性的多核学习方法在大多数数据集上优于当前先进的经典单核(RBF 核和多项式核);

② 从表 3-1 可以看出,参数设置②的多核方法优于参数设置①的多核方法。在图 3-3 中展示了不同多核方法的有效核的平均个数,并得到结论,即参数设置②

比参数设置①需要更多的有效核,HRK_MKL 方法比 R_MKL 方法需要更多的有效核。

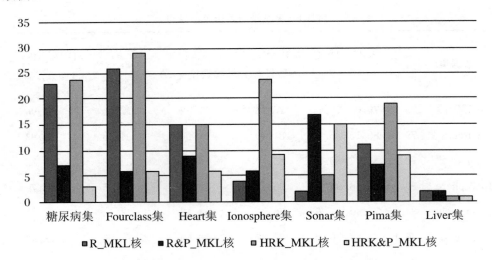

图 3-3　不同多核学习方法中的有效核个数

为了进一步验证我们的多核方法的有效性,在表 3-2 中,将其与目前流行的多核方法进行比较。当前流行的多核方法有 GMKL[110],SimpleMKL[111] 和 PrimalMKL[118],我们将 HRK_MKL 作为比较对象。表中将最好的结果作了特别标记。

表 3-2　不同多核方法的精度比较

数据集	GMKL 核	SimpleMKL 核	PrimalMKL 核	HRK_MKL 核
Sonar 集	87.00	88.02	85.89	**88.30**
Australian 集	84.31	**87.46**	85.62	86.93
Ionosphere 集	94.21	94.16	94.59	**95.49**
Liver 集	65.27	65.37	67.94	**68.76**
Pima 集	76.06	76.49	76.61	**76.87**
Wdbc 集	97.13	96.57	96.95	**98.21**

3.5　本章小结

　　本章将本书所提出的方法与其他的典型多核方法进行了比较,结果显示,本书提出的多核方法的效能更优。因此,从理论和实践角度分析可知:这种基于 H^2 空间的再生核的多核学习方法(MKLRP)在模式识别的分类实验中表现良好、实验结果理想。今后,可进一步开发具有再生性的多核学习方法在图像模式识别领域的理论和应用。

第 4 章 具有再生性的多属性卷积核方法

各种图核方法在许多领域都有非常成功的应用,然而现有的研究对希尔伯特空间中具有多属性的卷积向量核的关注很少。本章将提出一种新颖的被称为多属性的具有再生性的卷积核方法。我们将在再生核希尔伯特空间中讨论这个核方法。相较于一些传统的希尔伯特空间的核方法,本章提出的方法能够提高模式分类的精度。这个多属性卷积核方法主要包括两个部分:第一,通过狄拉克函数给出一类广义微分方程的解,然后通过这个解来设计基于这个解的多属性卷积核函数,这个卷积核函数是 H^3 空间上的再生核[64,67,120]。第二,证明这个多属性函数满足默瑟核的条件,并且这个多属性核函数具有 3 个属性:L_1 范数、L_2 范数和拉普拉斯核,由不同的属性能够俘获不同的特征信息。本章最后展示了多属性卷积核具备的全局性、局部性和其他一些重要性质。

4.1 相关工作

近年来,核方法被频繁地应用于许多领域,包括信息检索、计算机视觉、模式识别等[121,122],核函数可分为全局核(如多项式核)[123-125]和局部核(如高斯核)[126,127]。在利用全局核函数的支持向量机算法中,实验数据集中相互距离较远的数据也可以对相应核函数的值产生较大影响,而在使用局部核函数的支持向量机的算法中可以使相互之间距离较近的数据点对核函数的值产生较大的影响,较远的点对核函数的值产生较小的影响。多项式核函数属于全局核函数,而径向基(RBF)核函数则属于典型的局部核函数[128,130]。

使用核方法的关键在于如何选择合适的核函数。近年来,有很多关于核函数选择的研究,主要集中在核类型的选择和核的参数选择上。众所周知,目前是通过几个局部核函数来进行目标分类和目标选择的[131],如通过局部核对图像进行分类识别[132];还包括其他的一些方法,如快速全局核密度模型[133]、全局核 K-mean 算法[134]、局部多核学习[109]、SimpleMKL[111]、L_p 范数的多核学习[135]、核稀疏表示模型[126]和图核[35,36]。

近年来,也出现过其他许多新颖的核方法,例如,为了提高目标分类成绩,提出了朴素贝叶斯最近邻(Naive Bayes Nearest Neighbor)核方法[136]。Jose 等[127]推广了局部多核学习方法,使之适用于基于树的高维的稀疏的特征的嵌入。Kim 等[121]基于高斯核提出了最佳 L_2 或者全局核密度平方误差的分类模型。此外,针对脉冲波,Zhang 等[137]提出了具有惩罚系数的高斯边集距离核用于分类实验。为改善目标跟踪算法的自适应性,Gehler 等[138]基于卡方核和高斯核的最佳组合设计了一种多核学习模型。此外,Liu 等[139]基于小波框架和小波基设计了一种多核方法并用于多故障分类模型中。Bai 等[13-15]基于量子延森-香农分布设计了一种图核来评估图数据集的相似性。

近几年,还有许多先进的分类算法被提出,Luo 等[140]介绍了以多视角向量值流形正则化方法来整合多特征;在距离度量方面,他们通过学习色彩直方图的互补特征和骨架特征,发展了一种名为"半监督多视角距离度量"的学习方法。此外,还有一些分类方法被提出,诸如希尔伯特空间上的多核学习[142,143]、多模式超图学习[144,145]、基于距离的高阶多视角随机学习[146]等。

然而,核方法的不足之处就是难以就某类数据集选择一个合适的核函数。前面提及的核方法以及在已出版的文献中所提及的几乎都是单一属性的核函数,例如,指数核(属性是 L_1 范数)[147]、RBF 核(属性是 L_2 范数)[148]等。多属性核函数是由多种不同的属性组成的核函数,这个概念当前还很少被讨论。在本章,我们提出一个新颖的、性能良好的具有再生性的多属性卷积核(MACKRP),这个核函数拥有一些良好的性质,如奇阶消失矩、快速衰减性和对称性等。

4.2 $H^3(R)$ 空间上的核函数

4.2.1 核函数

核函数在支持向量机中扮演着非常重要的角色,如果一个函数满足默瑟定理的条件[21],它就是一个可允许支持向量机的核函数。在进行核函数的设计与分析之前,我们先给出引理 4.1 和引理 4.2[21,64]。

引理 4.1 一个默瑟核是一个函数 $K,x,y\in X$,满足
$$K(x,y) = \langle \varphi(x),\varphi(y) \rangle$$
其中,φ 是从 X 到(内积)特征空间 F 的映射,$\varphi:x \to \varphi(x) \in F$。

引理 4.2 设 K_1 和 K_2 是 $X \times X(X \in \mathbf{R}_n, a \geqslant 0)$ 上的再生核,则下列函数也是再生核函数[21]:

(1) $K(x,y) = K_1(x,y) + K_2(x,y)$;

(2) $K(x,y) = K_1(x,y) \cdot K_2(x,y)$;

(3) $K(x,y) = a \cdot K_1(x,y)$。

在本章中,核函数扮演着一个非常重要的角色,我们将介绍它们在模式分析应用中的性质、算法和应用。

4.2.2 $H^3(\mathbf{R})$空间上的再生核

这里继续利用狄拉克函数 $\delta(x)$ 来求解微分方程。函数 $u(x)$ 的傅里叶变换和逆变换分别用 $F(u(x))$ 和 $F^{-1}(u(x))$ 来表示。在本节中,用 $\mathbf{R}$ 表示实数集,用 $\mathbf{Z}$ 表示整数集。

定义 4.1[117]　$H^n(\mathbf{R}) = \{u(x) | u^{(n-1)}(x)$ 是 $\mathbf{R}$ 上的绝对连续函数,$u(x)$,$u'(x),\cdots,u^{(n)}(x) \in L^2(\mathbf{R})\}$,$n \in \mathbf{Z}^+$。在 $H^n(\mathbf{R})$ 上的内积定义为

$$\langle u, v \rangle_{H^n(\mathbf{R})} = \int_{\mathbf{R}} \left(\sum_{i=1}^{n} c_i u^{(i)} v^{(i)} \right) \mathrm{d}x \quad (\forall u, v \in H^n(\mathbf{R})) \tag{4-1}$$

其中,$c_i (i = 0, 1, \cdots, n)$ 是 $(a+b)^n = \sum_{i=0}^{n} c_i a^i b^{n-i}$ 的系数。

下面,利用狄拉克函数 $\delta(x)$ 讨论一个广义微分方程的基本解表达式,并给出定理 4.1~4.3[117,120]。

定理 4.1　设 $K_1(x)$ 是 $L = 1 - \dfrac{\mathrm{d}^2}{\mathrm{d}x^2}$ 的基本解,则 $K_1(x) = \dfrac{\mathrm{e}^{-|x|}}{2}$。

证明　因为 $L(K_1(x)) = \delta(x)$,故有

$$-K_1'' + K_1 = \delta(x) \tag{4-2}$$

对式(4-1)做傅里叶变换,有

$$F(-K_1'') + F(K_1) = F(\delta(x)) \tag{4-3}$$

由式(4-2)得

$$-(\mathrm{i}\omega)^2 F(K_1) + F(K_1) = 1 \tag{4-4}$$

进一步地,由式(4-3)得到

$$F(K_1) = \frac{1}{1 + \omega^2} \tag{4-5}$$

对式(4-4)做傅里叶逆变换,得

$$K_1(x) = F^{-1} \frac{1}{1 + \omega^2} = \frac{\mathrm{e}^{-|x|}}{2} \tag{4-6}$$

定理 4.2　设 $F(K_1) = \dfrac{1}{1 + \omega^2}$,则 $K_3(x) = (K_1 * K_1 * K_1)(x)$,其中"$*$"表示卷积。

证明　根据式(4-5),有

$$F(K_3(x)) = F((K_1 * K_1 * K_1)(x))$$
$$= F(K_1(x)) \cdot F(K_1(x) \cdot F(K_1(x))$$

$$= \frac{1}{(1+\omega^2)^3}$$

因此

$$\begin{aligned}
K_3(x) &= (K_1 * K_1 * K_1)(x) \\
&= F^{-1}\left[\frac{1}{(1+\omega^2)^3}\right] \\
&= \frac{1}{8}\int_{\mathbf{R}}(1+|y|)\cdot e^{-|y|-|x-y|}dy \\
&= \frac{1}{16}(x^2+3|x|+3)\cdot e^{-|x|}
\end{aligned} \tag{4-7}$$

定理 4.3 设

$$K_3(x,y) = K_3(x-y) = \frac{1}{16}[(x-y)^2+3|x-y|+3]\cdot e^{-|x-y|}$$

则 $K_3(x,y)$ 是 $H^3(\mathbf{R})$ 的再生核。

证明 $K_3(x,y)$ 显然满足定义 2.1 中的条件(1)。
利用式(4-1),有

$$\begin{aligned}
&\langle u(y), K_3(x-y)\rangle_{H^3(\mathbf{R})} \\
&= \int_{\mathbf{R}}(u(y)K_3(x-y)+3u'(y)K_3'(x-y)+3u''(y)K_3''(x-y) \\
&\quad + u'''(y)K_3'''(x-y))dx \\
&= \langle u(y), K_3(x-y)\rangle_{L^2(\mathbf{R})} + 3\langle u(y)', K_3'(x-y)\rangle_{L^2(\mathbf{R})} \\
&\quad + 3\langle u(y)'', K_3''(x-y)\rangle_{L^2(\mathbf{R})} + \langle u(y)''', K_3'''(x-y)\rangle_{L^2(\mathbf{R})} \\
&= \frac{1}{2\pi}\langle \hat{u}(\omega), e^{ix\omega}\hat{K}_3(\omega)\rangle_{L^2(\mathbf{R})} + \frac{3}{2\pi}\langle i\omega\hat{u}(\omega), i\omega e^{ix\omega}\hat{K}_3(\omega)\rangle_{L^2(\mathbf{R})} \\
&\quad + \frac{3}{2\pi}\langle (i\omega)^2\hat{u}(\omega), (i\omega)^2 e^{ix\omega}\hat{K}_3(\omega)\rangle_{L^2(\mathbf{R})} \\
&\quad + \frac{1}{2\pi}\langle (i\omega)^3\hat{u}(\omega), (i\omega)^3 e^{ix\omega}\hat{K}_3(\omega)\rangle_{L^2(\mathbf{R})} \\
&= \frac{1}{2\pi}\langle \hat{u}(\omega), e^{ix\omega}\hat{K}_3(\omega)(1+3\omega^2+3\omega^4+\omega^6)\rangle_{L^2(\mathbf{R})} \\
&= \frac{1}{2\pi}\langle \hat{u}(\omega), e^{ix\omega}\left[\frac{1}{(1+\omega^2)^3}\right](1+3\omega^2+3\omega^4+\omega^6)\rangle_{L^2(\mathbf{R})} \\
&= \frac{1}{2\pi}\langle \hat{u}(\omega), e^{ix\omega}\left[\frac{1}{(1+\omega^2)^3}\right](1+\omega^2)^3\rangle_{L^2(\mathbf{R})} \\
&= \frac{1}{2\pi}\langle \hat{u}(\omega), e^{ix\omega}\rangle_{L^2(\mathbf{R})} \\
&= F^{-1}(\hat{u}(\omega)) = u(x)
\end{aligned}$$

所以 $K_3(x,y)$ 满足定义 2.1 的条件(2),因此,$K_3(x,y)$ 是 $H^3(\mathbf{R})$ 的再生核。

4.2.3 $H^3(\mathbf{R})$空间上的卷积核

再生核拥有许多良好的性质，诸如奇数阶消失矩、对称性、正则化，所以再生核函数和其相应的再生核希尔伯特空间在函数逼近和正则化方面扮演着非常重要的角色。因此，构建具有再生性的默瑟核有非常重要的研究意义。定理4.4给出了再生核$K_3(x,y)$与默瑟核之间的关系[120]。

定理 4.4 设E是非空集合，且$\mathbf{R}^n$为紧子集，在希尔伯特空间$E \times E$上的再生核$K_3(x,y)$是半正定的默瑟核。

证明 设空间$[H, \langle \cdot, \cdot \rangle_H]$是希尔伯特空间，函数$K_3(x,y)$是由式(4-7)定义的，它是再生核希尔伯特空间的一个再生核。

(1) $\sum_{i,j=1}^{n} c_i \bar{c}_j K_3(x_i, x_j) = \sum_{i,j=1}^{n} c_i \bar{c}_j \langle K_3(\cdot, x_i), K_3(\cdot, x_j) \rangle$

$= \langle \sum_{i=1}^{n} c_i K_3(\cdot, x_i), \sum_{j=1}^{n} c_j K_3(\cdot, x_j) \rangle$

$= \| \sum_{i=1}^{n} c_i K_3(\cdot, x_i) \|^2 \geq 0$

因此，$K_3(x,y)$是半正定的。

(2) 由定义4.1知，对于任何$f \in H$和任何$x \in E$，有

$$f(x) = \langle f(\cdot), K_3(\cdot, x) \rangle \tag{4-8}$$

然后，对$\forall (x, x') \in E \times E$，假定

$$f(\cdot) = K_3(\cdot, x') \tag{4-9}$$

从式(4-8)和式(4-9)，得到

$$K_3(x, x') = \langle K_3(\cdot, x'), K_3(\cdot, x) \rangle \tag{4-10}$$

如果定义映射

$$\Phi: E \to H \text{ 和 } \Phi(x) = K_3(\cdot, x)$$

其中，任意的$x \in E$，则从式(4-10)得

$$K_3(x, x') = \langle \Phi(x), \Phi(x') \rangle$$

其中，$x, x' \in E$，由引理4.1，证明$K_3(x,y)$是空间$E \times E$上的默瑟核函数，由引理4.2，得到

$$K(y, y') = a \cdot \frac{1}{16} \cdot (\|y - y'\|_2^2 + 3 \cdot \|y - y'\|_1 + 3) \cdot e^{-\|y-y'\|_1}$$

是默瑟核，并且如果假定

$$K(y, y') = (\|y - y'\|_2^2 + 3 \cdot \|y - y'\|_1 + 3) \cdot e^{-\|y-y'\|_1}$$

是一维的默瑟核($a = 16$)，那么多维的默瑟核可以定义为

$$K(y, y') = \sum_{i=1}^{d} [(|y_i - y'_i|^2 + 3 \cdot |y_i - y'_i| + 3) \cdot e^{-|y_i - y'_i|}] \tag{4-11}$$

其中，$y = (y_1, y_2, \cdots, y_d) \in \mathbf{R}^d$。

在本章中，设 $y_i = \dfrac{x_i}{\delta}$，因此，式(4-11)可以被定义为

$$K(x, x') = \sum_{i=1}^{d} \left[\left(\frac{|x_i - x_i'|^2}{\delta^2} + 3 \cdot \frac{|x_i - x_i'|}{\delta} + 3 \right) \cdot \mathrm{e}^{-\frac{|x_i - x_i'|}{\delta}} \right] \quad (4\text{-}12)$$

其中，核参数为宽度 σ。由式(4-12)得知 MACKRP 由 3 部分属性组成（L_1 范数、L_2 范数和拉普拉斯核），每一个属性都能够俘获不同的特征信息。有趣的是，对于不同 n，每个 L_n 范数看起来似乎都是相似的，然而它们的数学性质是不同的，因此，它们的应用也是不同的。对于这里所研究的问题，L_1 范数和 L_2 范数的不同之处可以大致概括成表 4-1[149-151]。

表 4-1 L_1 范数和 L_2 范数的区别

L_1 范数	L_2 范数
最小绝对离差	最小平方差
解具有不稳定性	解具有稳定性
可能有多解	有唯一解
稀疏输出	非稀疏输出

图 4-1 展示了当维数 $d = 1$ 时 MACKRP 核函数的局部性能和全局性能。

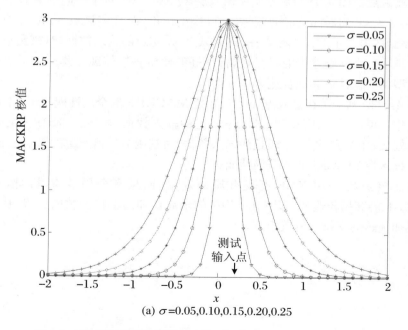

(a) $\sigma = 0.05, 0.10, 0.15, 0.20, 0.25$

图 4-1　MACKRP 一维例子（$x \in [-2, 2]$，测试点 $x_i = 0.2, d = 1$）

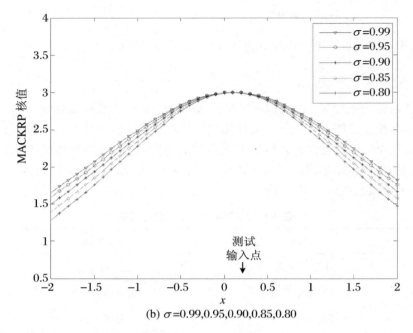

(b) $\sigma=0.99,0.95,0.90,0.85,0.80$

图 4-1 MACKRP 一维例子($x\in[-2,2]$,测试点 $x_i=0.2,d=1$)(续)

在图 4-1 中展示了不同参数 σ 下的 MACKRP 核函数的曲线,设定 $x_i=0.2$ 为测试输入点。图 4-1(a)显示了在输入点 $x_i=0.2$ 处,对于不同的核参数 σ 值核函数 MACKRP 的局部性能的变化,可以得出结论:距离测试点 x_i 越近的输入数据,对核函数值产生的作用越大;距离测试点 x_i 越远的输入数据,对核函数值产生的作用越小。在问题建模的时候,这种良好的性质直接体现在我们所提出的核方法对模型的泛化性能和拟合能力等方面。

图 4-1(b)显示了在输入点 $x_i=0.2$ 处 MACKRP 的全局性能对于不同参数 σ 值的变化。可以看出,距离测试点 x_i 较远的输入数据,对 MACKRP 核函数的值的影响较大;距离测试点 x_i 较近的输入数据,对核函数的值产生的影响也较大,这体现了核函数 MACKRP 的全局性能。

显然核函数 MACKRP 不仅有局部效率,而且有全局效率,因此,核函数 MACKRP 能够扬长避短,兼顾其结构中的全局核和局部核函数的优势,从而得到性能更加优越的支持向量机模型。

4.3 实验结果与分析

4.3.1 实验数据

为了评估所提出的核方法在分类任务中的分类能力，在几个真实的数据集中将验证我们的方法，这些数据集来自于 UCI Machine Learning Repository[152]，这些数据集常被用来评估各种模式识别、数据挖掘与机器学习等方法的性能。这些数据集的一些主要统计结果如表 4-2 所示。

表 4-2 实验中的 6 个数据集的基本属性

数据集	Australian 集	Breast 集	Ionosphere 集	Mushrooms 集	Satimage 集	Wine 集
实例	683	683	351	8 124	4 435	846
类别	2	2	2	2	6	4
特性	10	10	34	112	36	18

下面，通过几个分类任务来评估我们所设计的核方法，并且把它与一些典型的单核进行比较。我们选择的单核分别是指数核[147]、拉普拉斯核[147]、对数核[153]、多项式核、RBF 核、小波核[154]和 MACKRP 核。实验选择 LIBSVM[119]工具作为支持向量机的分类器，所有核的参数均通过十交叉验证方法来进行选择[121]。此外，数据集的训练集和测试集也通过十交叉验证的方法进行随机选择，其中，测试集 90%，训练集 10%。重复实验 10 次，计算这 10 次实验的平均分类结果以其为最终分类结果。

4.3.2 参数选择

在本节中，我们讨论了核函数 MACKRP 的参数选择问题。这个核函数有一个基本的核参数 σ，这个参数被用于平衡核函数的内推和外延能力。所有的核参数范围被限制在 $[\sigma_{min}, \sigma_{max}]$，$d_{step} = \frac{\sigma_{max} - \sigma_{min}}{10}$ 被称为核参数的步长。σ_{min} 表示参数 σ 的最小值，σ_{max} 表示参数 σ 的最大值。定义采样点

$$\sigma_i = \sigma_{min} + i \cdot d_{step} \quad (i = 0, 1, \cdots, 10)$$

对于每个核，仅考虑它的最佳参数范围，并获取所有数据集在每个样本采样点上的分类精度。通过大量的实验发现，当参数范围在 $[1.5, 3.5]$ 时，MACKRP 的分类性能良好，其中 $\sigma_{min} = 1.5, \sigma_{max} = 3.5, \sigma_i = 0.2$。可以通过大量的实验来确定最佳

参数范围,其他的核参数范围和样本点也可以类似地定义。最终精度以这些分类任务的平均成绩来确定。此外,我们通过大量的实验,发现在 $q=3$ 和 $c=1$ 时,特殊的多项式核的性能最佳,因此,在所有的实验中定义多项式核的 $q=3, c=1$。

在本节中,可通过上面的方法确定所有被用于比较的核函数的最佳参数范围。另外,图 4-2 展示了它们的平均分类精度,虽然所有核函数的实际参数范围如表 4-3 所示,但为了统一起见,将其在 X 轴上的刻度统一设置为 $[1,11]$,这样就可以更清楚明了地在一个图像中展示所有核函数的分类效果。

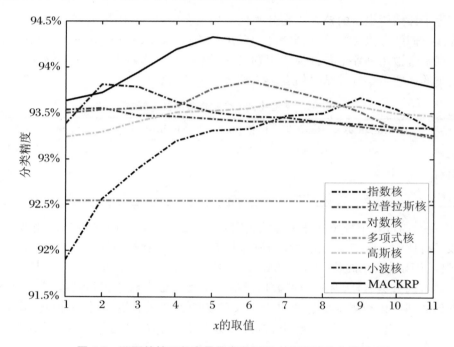

图 4-2 不同的核函数在最佳参数区间上的取值的分类精度

在图 4-2 中,当 MACKRP 核的参数范围设置为 $x=5 (\sigma_i=2.3)$ 时,在所有的数据集上,这一方法比其他方法具有更好的分类精度。此外,实验结果表明 MACKRP 核拥有良好的逼近性能和泛化能力,它的分类成绩也要好于其他大多数典型的先进的核方法表(4-3)。在下一节中,将给出所有数据在不同核函数所对应的核参数区间上的采样点处的分类结果。

表 4-3 不同核的分类成绩和最佳参数范围

数据集	指数核	拉普拉斯核	对数核	多项式核	高斯核	小波核	MACKRP
Australian 集	85.913	85.696	85.710	85.377	85.725	85.159	86.558
Breast 集	97.190	97.147	96.132	95.392	97.088	97.018	97.550
Ionosphere 集	93.857	94.850	95.080	90.810	94.746	94.800	95.443

续表

数据集	指数核	拉普拉斯核	对数核	多项式核	高斯核	小波核	MACKRP
Mushrooms集	99.350	98.925	99.200	99.192	99.231	99.125	99.770
Satimage集	89.000	86.000	89.250	87.020	87.620	88.250	90.000
Wine集	98.627	98.647	98.971	97.276	98.824	98.500	99.000
Parameter集 Range集	1.0~2.0	1.0~2.0	1.0~2.5	—	0.2~0.4	2.5~3.5	1.5~3.5

4.3.3 分类结果

在表4-3中,最后一行给出了每个核的最佳的参数范围,多项式核的最佳参数设置为 $q=3$ 和 $c=1$。由表4-3可知:首先,在所有情况下,对于实验中的所有数据集,本章提出的MACKRP方法比其他单核方法的分类性能都要好。其次,表的最后一行给出了核的参数范围,在这个参数范围内,可以得到每个核所对应的最佳分类结果。对于不同的核参数,最佳参数可能是不同的,但所有核的最佳参数范围均在[0, 5]区间上。图4-3进一步地展示了MACKRP的最佳参数区间,并给出了在每个参数区间上对应的分类效果,同时,也给出了分类区间上对应核的分类精度的变化趋势。

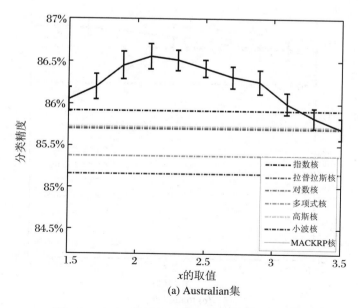

(a) Australian集

图4-3 MACKRP核在参数区间上与其他方法比较的精度变化曲线及标准差的误差棒

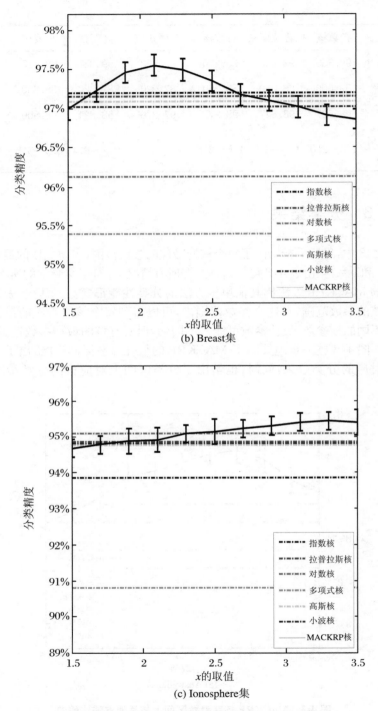

图 4-3 MACKRP 核在参数区间上与其他方法比较的
精度变化曲线及标准差的误差棒(续)

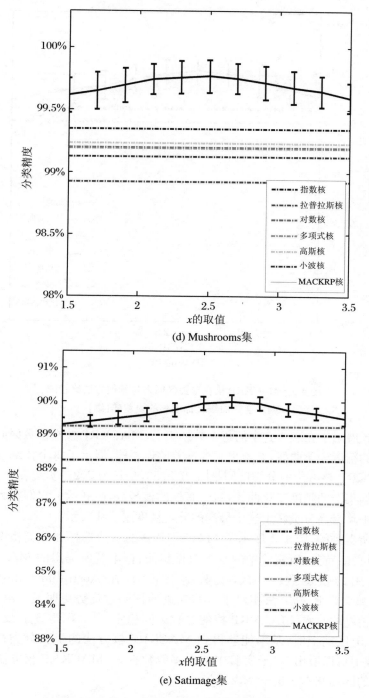

(d) Mushrooms集

(e) Satimage集

图 4-3 MACKRP 核在参数区间上与其他方法比较的精度变化曲线及标准差的误差棒(续)

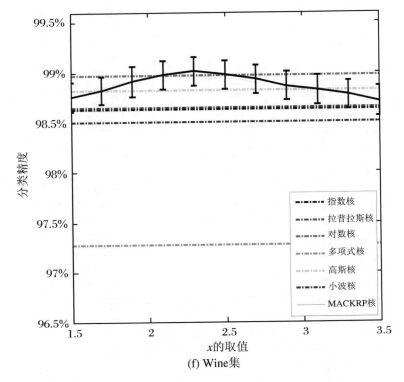

(f) Wine集

**图 4-3　MACKRP 核在参数区间上与其他方法比较的
精度变化曲线及标准差的误差棒（续）**

图 4-3 展示了在表 4-3 中的每个数据集上，MACKRP 核在参数区间上与其他方法比较的精度变化曲线，并给出了标准差的误差棒，展示了每个核函数的分类精度。MACKRP 核方法的分类区间是 [1.5,3.5]，步长为 0.2。实线表示 MACKRP 在所有数据集上的精度变化曲线，对于其他的核函数，则展示了它们在大量实验中所获得的平均最高分类精度这个最高的分类精度用虚线表示。

正如所看到的，图 4-3 展示了 MACKRP 核的参数选择和分类精度结果。基于图 4-3 可知：首先，就实验中的基本数据集而言，本章所提出的 MACKRP 核优于其他常用的核函数。其次，实验结果展示，在 Australian、Mushrooms 和 Satimage 数据集上，新方法相对于一些先进的核函数优势更明显。第三，当获得最大分类精度的时候，MACKRP 核的参数区间稳定于 [1.5,3.5]。反之，当参数在 [1.5,3.5] 区间上时，基本能够得到 MACKRP 核方法的最大分类精度。从图 4-2 的曲线上可以看出，对于实验中的大多数数据集，MACKRP 核方法获得最大分类精度的区间基本稳定于 [2,2.5]。

4.3.4 验证

此外,为了进一步地评估 MACKRP 核的性能,也统计了所有核矩阵在数据集上的运行时间。表 4-4 给出了所有核在数据集上的计算时间(以秒为单位)。在表 4-4 的最后一行中展示了配对 t 检验 p 值的结果,实验软件选用的是 MATLAB R2010a,硬件选用 2.5 GHz Intel 2-Core Processor CPU。

表 4-4 不同核矩阵在数据集上的运行时间   单位:s

数据集	指数核	拉普拉斯核	对数核	多项式核	高斯核	小波核	MACKRP 核
Australian 集	0.40	0.86	0.71	6.93	1.27	1.74	1.69
Breast 集	0.37	0.65	0.53	5.65	1.17	1.83	1.56
Ionosphere 集	0.20	0.36	0.35	1.12	0.95	1.13	0.39
Mushrooms 集	1.15	2.15	2.31	4.75	1.54	8.12	1.81
Satimage 集	9.36	16.54	17.90	40.09	14.10	59.09	16.81
Wine 集	0.02	0.03	0.02	0.11	0.03	0.06	0.05
p-value 集	0.007	0.047	0.009	0.006	0.022	0.004	—

从表 4-4 的运行时间方面来看,在数据集 Australian、Breast、Ionosphere、Satimage 和 Wine 上,多项式核和小波核相对于其他方法计算时间更长。而 MACKRP 核方法在这些数据集上运行得更快。在数据集 Australian、Breast 和 Wine 上,MACKRP 核方法比其他方法运行得慢。此外,在所有的数据集上,MACKRP 核方法计算速度与高斯核都相当,而在较大的数据集 Mushroom(表4-4)上,MACKRP 核方法的计算速度与指数核、拉普拉斯核、对数核和高斯核相当,同时又快于多项式核和小波核。

通过配对 t 检验进行这一实验[155]。表 4-4 在最后一行给出了 MACKRP 核方法对比其他方法的配对 t 检验结果,并给出了在条件 $p<0.05$ 情况下的配对 t 检验结果,可以看出,这一方法在分类能力方面明显优于其他方法。

4.4 本章小结

本章主要内容分为三个方面:第一,给出广义微分算子的基本解,并且命名为 H^1 函数,并基于 H^1 函数给出了一个 H^3 函数。第二,证明 H^3 卷积函数是一个特别的再生核,称为卷积再生核。此外,证明卷积再生核满足默瑟核的条件。另外,展示了这个卷积再生核由三部分属性组成,也就是 L_1 范数属性、L_2 范数属性和拉普拉斯核,所有的属性组成了一个多属性的卷积核,其中,每个属性都能够俘获对应的特征。第三,本章提出了一个新颖的核方法:多属性卷积核(MACKRP),实验结果表明 MACKRP 方法拥有良好的逼近性能和泛化能力,分类性能可与许多先进的核函数相当。实验证明,这个新颖的 MACKRP 核方法是有效的、可行的,将来会进一步验证 MACKRP 核方法在大规模数据上的有效性。此外,计划将此方法应用到其他更复杂的图像数据集上,以进一步评估 MACKRP 核方法的性能。

第 5 章 组合 Weisfeiler-Lehman 图核

不同的图核使用了图的不同的相似性度量概念,或者说它们捕获了不同的图的结构信息并进行相似性比较。本章发展了一种通用的基于一类 Weisfeiler-Lehman(WL)图核构建的几个组合图核(Combined Graph Kernel,CGK)的方法。该图核家族基于 WL 图序列,包括子树核、边核和最短路径核。我们定义了 3 种组合图核:第一种为加权组合图核(Weighted CGK,WCGK),它是参数组合图核;第二种为精度比组合图核(Accuracy Ratio Weighted CGK,ARCGK);第三种为乘积组合图核(Product CGK,PCGK)。第二、第三种图核属于无参数图核。实验表明,基于 WL 图核的组合图核在几个分类数据集上优于相应的单个 WL 图核。

图核方法是把图数据从图空间映射到特征空间,并通过比较两幅图的拓扑结构或者子图的拓扑结构来度量它们的相似性的。图核方法是基于图结构型数据和核方法相关算法的一种方法,已经成功地应用到许多领域,如计算机视觉、脑神经系统、社交网络和生物信息学等。目前,许多构建图核的方法已经被提出,并得到广泛应用,其中,Shervashidze 等提出的 WL 子树核在捕获图的结构信息方面有着良好的效果[12]。

5.1 WL 图核的基本知识

我们参照 Shervashidze 等所提出的 WL 图核[12],也是基于文章[12]所给出的基本图核来设计了组合图核的框架。WL 子树核的基本思想来自于 WL 同构判定理论[12]。给定图 G 和 G',一维 WL 同构判定的基本流程如下:如果图是无标记图(即图的顶点无标签),则用顶点的度来作为顶点的标记;在随后的迭代扩充中,利用其相邻顶点的标签来扩充对每个图的该顶点的标签信息。也就是,对每个顶点的相邻顶点的标签信息进行排序,然后扩充该顶点的标签信息,并把该顶点的标签信息更新为一个新的标签信息序列,进一步地,对新的标签信息进行压缩再生成新的标签。反复进行迭代扩充步骤,直到图 G 和 G' 包含了不同的标签,或者达到预先设置的迭代次数 h。一维图同构 WL 算法可描述如下[12]:

(1) 确定顶点 v 标签集(V)

① 对于 $i=0$,设 $M_i(v) = l_0(v) = l(v)$;

② 对于 $i>0$, $M_i(v) = \{l_{i-1}(u) | u \in N(v)\}$,其中 $N(v)$ 表示顶点 v 所有相邻顶点标签集合。

(2) 整理标签

① 对 $M_i(v)$ 中元素升序排序并连接成序列 $S_i'(v)$;

② 将 $l_{i-1}(v)$ 作为 $S_i'(v)$ 前缀,形成新串 $S_i(v)$。

(3) 压缩标签

① 对 G 和 G' 中所有顶点 v 的标签序列 $S_i(v)$ 进行升序排序;

② 利用函数 $f: \Sigma^* \to \Sigma$ 对标签 $S_i(v)$ 压缩,并且该函数当且仅当 $S_i(v) = S_i(w)$ 时,$f(S_i(v)) = f(S_i(w))$。

(4) 推广标签

对 G 和 G' 中所有顶点 v,令 $l_i(v) = f(S_i(v))$。

上述算法的第四步结束后,如果 $\{l_i(v) | v \in V\} \neq \{l_i(v') | v' \in V'\}$,则 WL 算法终止。这里,一维 WL 算法基本可以判断两个图之间能否构成同构关系。假设 $|V|$ 代表结构图 G 的顶点数,$|E|$ 代表 G 的边数,则 WL 算法迭代 h 次的时间复杂度为 $O(h|V|)$。

下面给出引理 5.1,将基于这个引理来设计本章的组合图核框架。

引理 5.1 设 K_1 和 K_2 是 $X \times X$ 上的基本图核,$X \in \mathbf{R}_n, a \geq 0, n$ 为维数,则下面的函数 $K(x, x')$ 也是图核函数[21]:

(1) $K(x, x') = K_1(x, x') + K_2(x, x')$;

(2) $K(x, x') = K_1(x, x') \cdot K_2(x, x')$;

(3) $K(x, x') = a \cdot K_1(x, x')$。

5.1.1 WL 图核框架

这一节将给出 WL 图序列和基于它们的 WL 图核[12]。假设 WL 同构判定算法,经过 h 次迭代后得到的图记为 $G_h(V, E)$,迭代过程中得到的所有 WL 序列的集合可表示为

$$\{G_0, G_1, \cdots, G_h\} = \{(V, E, l_0), (V, E, l_1), \cdots, (V, E, l_h)\}$$

其中,h 表示最大迭代深度或者层次,l 为图的标签信息。在每次迭代时,图的拓扑结构并不发生变化,也就是边集都没有改变,但随着 i 的增加,两个图对应的子结构的序列越来越长,通过 WL 算法,将图的节点特征进行新的描述,会更细化地描述图的结构信息。设 k 是图的基本核,基于 WL 的图核可以统一形式地定义为

$$k_{\text{WL}}^{(h)}(G, G') = k(G_0, G_0') + k(G_1, G_1') + k(G_2, G_2') + \cdots + k(G_h, G_h')$$

(5-1)

其中，h 为 WL 算法的迭代次数，$\{G_0, G_1, \cdots, G_h\}$ 和 $\{G'_0, G'_1, \cdots, G'_h\}$ 分别为图 G 和 G' 对应的 WL 序列。根据引理 5.1，如果 A 为半正定的核函数，则公式(5-1)所定义的这一类核函数 $k_{\mathrm{WL}}^{(h)}(G, G')$ 均为半正定核函数。在每一次迭代时，可以对基函数添加一个非负的实数值系数，因此，WL 图核更一般的表达式可以定义为

$$k_{\mathrm{WL}}^{(h)}(G, G') = \alpha_1 k(G_1, G'_1) + \alpha_2 k(G_2, G'_2) + \cdots + \alpha_h k(G_h, G'_h) \tag{5-2}$$

5.1.2 WL 子树核

给定两个图 G 和 G'，假设 $\Sigma_i \subset \Sigma$ 表示 WL 算法在第 i 次迭代后，在图 G 和 G' 中出现至少一次的顶点标签集所构成的字母集合，设 Σ_0 是图 G 和 G' 的初始标签集，并且假定 Σ_i 中的所有元素各不相交，即 Σ_i 中不存在重复的标签元素，且 Σ_i 内的元素是有序的。定义一个映射 $C_i : \{G, G'\} \times \Sigma_i \to N$，$C_i(G, \sigma_{ij})$ 表示图 G 中的字母 σ_{ij} 出现的次数，如果直接从这一点出发来定义图核，则图 G 和 G' 之间的基于 WL 算法的经过 h 次迭代后的子树核可以定义为

$$k_{\mathrm{WLST}}^{(h)}(G, G') = \langle \varphi_{\mathrm{st}}^{(h)}(G), \varphi_{\mathrm{st}}^{(h)}(G') \rangle \tag{5-3}$$

其中，h 代表迭代深度或者层次。G 和 G' 对应的映射特征分别为 $\varphi_{\mathrm{st}}^{(h)}(G)$ 和 $\varphi_{\mathrm{st}}^{(h)}(G')$，其中

$$\varphi_{\mathrm{st}}^{(h)}(G) = (c_0(G, \delta_{01}), \cdots, c_h(G, \delta_{h1}), \cdots, c_h(G, \delta_{h|\Sigma_i|}))$$

$$\varphi_{\mathrm{st}}^{(h)}(G') = (c_0(G', \delta_{01}), \cdots, c_h(G', \delta_{h1}), \cdots, c_h(G', \delta_{h|\Sigma_i|})) \tag{5-4}$$

核函数的意义在于通过映射将原本图的相似度量转化为它们在映射空间的特征之间的内积。$i = 0$ 表示在计算相似性的过程中不进行 WL 算法迭代。直观地看，公式(5-3)和公式(5-4)是对原始图中的顶点以及经过映射后的压缩顶点中相同的顶点对进行卷积计数来度量图之间的相似性。有关 WL 子树核的计算详细过程请参阅参考文献[12]。

基函数 k_{WLST} 表示在比较两个图的顶点对 v 和 v' 时，对相匹配的顶点标签序列 $l(v)$ 和 $l(v')$ 进行计数，即 k_{WLST} 的表达式定义为

$$k_{\mathrm{WLST}}(G, G') = \sum_{v \in V} \sum_{v' \in V'} \delta(l(v), l(v')) \tag{5-5}$$

其中，$i \in \{0, \cdots, h\}$ 表示第 i 次迭代过程；δ 表示一个狄拉克核，其计算方法为

$$\delta(v, v') = \begin{cases} 1 & (x = x') \\ 0 & (x \neq x') \end{cases}$$

按照公式(5-5)，对两个图中相似的顶点对进行计数，即对两个顶点标签序列进行卷积计算。

5.1.3 WL 边核

WL 边核是另一个 WL 图核框架的例子。对于无权重图数据集,我们考虑它的基本核,这些基本核计算两个图中具有相同标记的端点(包括顶点)的匹配边,因此,基本核可以被定义为

$$k_{\text{WLEK}}(G,G') = \langle \varphi_E(G), \varphi_E(G') \rangle$$

其中,$\varphi_E(G)$ 是匹配边 (a,b) 出现的次数组成的序列,$a,b \in \Sigma$,且边 (a,b) 是有序二元组,用 (a,b) 和 (a',b') 分别表示边 e 和 e' 的端点组成的有序二元组,δ 表示狄拉克核,即

$$\delta(v,v') = \begin{cases} 1 & (x = x') \\ 0 & (x \neq x') \end{cases}$$

且

$$k_E(G,G') = \sum_{e \in E} \sum_{e' \in E'} \delta(a,a')\delta(b,b')$$

如果图的边具有权重,我们假设它的权重函数为 w,那么基本核 k_E 就可以被定义为

$$k_E(G,G') = \sum_{e \in E} \sum_{e' \in E'} \delta(a,a')\delta(b,b') k_w(w(e), w(e')) \tag{5-6}$$

其中,$k_w(w(e), w(e'))$ 是比较边权重的边核,由式(5-1)有

$$k_{\text{WLEK}}^{(h)}(G,G') = k_{\text{WLEK}}(G_0,G_0') + k_{\text{WLEK}}(G_1,G_1') + \cdots + k_{\text{WLEK}}(G_h,G_h') \tag{5-7}$$

5.1.4 WL 最短路径核

在 WL 图核框架下,给出第三个图核的例子是 WL 最短路径核。正如参考文献[12]中所说的,将顶点标签最短路径核作为 WL 框架下的基核函数。

令 $\varphi_{\text{SP}}(G)$ 和 $\varphi_{\text{SP}}(G')$ 代表两个包含所有最短路径的向量,各个向量中的元素分别代表在 G 和 G' 中某最短路径三元组 (a,b,p) 出现的次数。根据公式(5-1)所描述的图核定义,图 G 和 G' 之间的基于 WL 算法的最短路径图核定义如下:

$$k_{\text{WLSP}}^{(h)}(G,G') = k_{\text{SP}}(G_0,G_0') + k_{\text{SP}}(G_1,G_1') + \cdots + k_{\text{SP}}(G_h,G_h') \tag{5-8}$$

其中,WL 最短路径核的基函数是最短路径核 k_{SP},最短路径核如下:

$$k_{\text{SP}}(G,G') = \sum_{\varphi \in S} \sum_{\varphi' \in S'} k(\varphi_{\text{SP}}(G), \varphi_{\text{SP}}(G')) \tag{5-9}$$

其中,$i \in \{0, \cdots, h\}$ 表示第 i 次迭代过程,k 类似于狄拉克核,如果两条最短路径 $\varphi_{\text{SP}}(G)$ 和 $\varphi_{\text{SP}}(G')$ 的起点、终点及路径长度均相同,则

$$k_{\text{SP}}(G,G') = \sum_{\varphi \in S}\sum_{\varphi' \in S'} k(\varphi_{\text{SP}}(G),\varphi_{\text{SP}}(G')) = 1$$

否则为 0。直观地看,公式(5-9)是对图 G 和 G' 中相同的最短路径进行统计,且通过 k 来计算比较每对最短路径。与子树核相比,统计最短路径在图中出现的次数会比较费时。

5.2 WL 组合图核

不同的图核来自于不同的相似性度量的概念,或者说是基于不同的结构图的特征表示。因此,在模式分类的实验中,可以尝试使用组合图核来代替单个图核,因为在分类任务中,组合图核可以更灵活地被用来表述、获取和度量两个图的相似性。下面将通过上一节提到的 3 个 WL 图核来定义 3 种基于 WL 图核框架的组合图核,这 3 种组合图核是本章的核心内容,我们将在模式分类任务中验证它们的性质、算法和分类效果。

5.2.1 加权组合图核

一个图是由顶点集和边集组成的,在本章中,n 表示图的顶点数,m 表示图的边数,许多文献中的图核难以全面考虑图数据的一些重要的结构特征,而组合图核是通过两个或者多个单核来设计的,参考文献[128]中证实组合图核比单核有更好的内推和外延能力,具有更好的逼近性能。下面将定义第一个组合图核,可称为加权组合图核(WCGK):

$$k_{\text{WCGK}}(G,G') = \mu \cdot k_1(G,G') + (1-\mu) \cdot k_2(G,G') \quad (5\text{-}10)$$

其中,μ 是权重,k_1 和 k_2 是一个核家族里任意的两个单核。虽然这个加权组合图核比较简单,但它非常有用,可实验验证该加权组合图核比单核有更好的性能。

基于 WL 图核家族,组合该图核家族框架下的图核,并定义基于 WL 图核家族下的加权图核为

$$k_{\text{加权}}^{(h)}(G,G') = \mu \cdot k_1^{(h)}(G,G') + (1-\mu) \cdot k_2^{(h)}(G,G') \quad (5\text{-}11)$$

其中,μ 是权重,k_1 和 k_2 是 WL 图核家族中的任意两个 WL 图核。

5.2.2 精度比组合图核

基于上一节的分析,进一步提出一个新的组合图核方法,称为精度比组合图核(ARWCGK),并进行如下定义:

$$k_{\text{ARWCGK}}(G,G') = \frac{A_{k_1}}{A_{k_1}+A_{k_2}} \cdot k_1(G,G') + \frac{A_{k_2}}{A_{k_1}+A_{k_2}} \cdot k_2(G,G')$$
(5-12)

其中,k_1 和 k_2 是一个核家族里面的任意两个图核,A_{k_1} 和 A_{k_2} 是基于 k_1 和 k_2 的模式分类实验的分类精度,当 A_{k_i}($i=1$ 或者 2)较大时,k_i 的权重较大,即 k_i 的核影响力增加。在实验中,我们定义一个精度比组合 WL 图核如下:

$$k_{\text{精度比}}^{(h)}(G,G') = \frac{A_{k_1^{(h)}}}{A_{k_1^{(h)}}+A_{k_2^{(h)}}} \cdot k_1^{(h)}(G,G') + \frac{A_{k_2^{(h)}}}{A_{k_1^{(h)}}+A_{k_2^{(h)}}} \cdot k_2^{(h)}(G,G')$$
(5-13)

其中,k_1 和 k_2 是 WL 图核家族里面任意两个单核。

5.2.3 乘积组合图核

在本章中,除了定义加权组合图核和精度比组合图核外,还由引理 5-1 设计另一个被称为乘积组合的 WL 图核(PCGK)如下:

$$k_{\text{PCGK}}(G,G') = k_1(G,G') \cdot k_2(G,G')$$
(5-14)

其中,k_1 和 k_2 是某个图核家族里面任意两个单核,在 WL 图核框架下,定义乘积组合 WL 图核如下:

$$k_{\text{乘积组合}}^{(h)}(G,G') = k_1^{(h)}(G,G') \cdot k_2^{(h)}(G,G')$$
(5-15)

其中,k_1 和 k_2 是 WL 图核家族里面任意两个单个图核。

5.3 实验结果与分析

5.3.1 数据集

本节将验证 WL 框架下的组合图核的效率分类能力。在这个 WL 框架下的单核包括 WL 子树核(WLSK)、WL 边核(WLEK)和 WL 最短路径核(WLSPK)。本节将比较 WLSK、WLEK 和 WLSPK 的组合图核与相应单核的分类性能,并给出相应的均方根误差。使用的实验数据集包括 MUTAG、ENZYMES、PTC、NCI1 和 NCI109。各数据集简介如下(表 5-1)[153]:

MUTAG 是一个用于研究鼠伤寒沙门氏菌突变的含有 188 个芳香环和杂环硝基化合物的数据集。

ENZYMES 是一个具有三层结构的蛋白质数据集,它包含从酶蛋白质数据库中获取的 600 种酶。

PTC 数据集记录了对 4 种老鼠有致癌作用的几百种化合物。这些图是非常小的,它们的顶点为 20～30 个,边数为 25～40 个,且是稀疏的。这里我们选择 4 种老鼠中的一种雄性老鼠作为实验对象。这种老鼠所对应的化合物有 334 种。

NCI1 和 NCI109 数据集分别代表一组化学组合物,它们来自于肺癌细胞系和卵巢癌细胞系。

表 5-1　5 个数据集中节点数、边数、顶点数和边数分布表

数据集	MUTAG 集	ENZYMES 集	PTC 集	NCI1 集	NCI109 集
个数	188	600	334	4 110	4 127
类别	2	6	2	2	2
平均顶点数	17.9	32.6	25.8	29.8	29.6
平均边数	39.5	124.2	51.9	64.6	62.2

5.3.2　实验设置

对于所有的 WL 图核和组合 WL 图核,可通过十交叉来随机选择训练数据。在所有的数据集中,选择迭代 $h=0,1,2,5,10$,并给出这些 h 下的所有分类精度,其中一些实验结果不佳的组合图核将被剔除。此外,由于文献中存在大量的图核方法,很难与所有这些图核逐一比较,但由于近几年已有一些研究将这些图核方法与 WL 图核进行了比较,所以可以参照参考文献[12]进行了解。在本章中,仅仅比较我们的组合图核和它们对应单核的分类精度情况。

本实验利用林智仁教授开发设计的软件包 LIBSVM[119]进行,采用十交叉验证方法来获取输入数据,以期得到更为准确的实验结果。进一步进行 10 次十交叉验证,然后再求 10 次结果的平均值。本实验使用的 SVM 参数,我们选择最优参数;实验硬件是 2.5 GHz 的 Intel 2-Core 处理器;软件是美国 The Math Works 公司推出的 Matlab R2013a。

5.3.3　加权组合图核

在图 5-1(a)、(c)和(e)中给出了 SK_EK 加权组合图核(WLSK 与 WLEK 的组合)在数据集 MUTAG、ENZYMES 和 PTC 上的实验结果,其中 WLSK 属于方程(5-11)中的 K_1,WLEK 属于方程(5-11)的 K_2。

图 5-1(a)显示在数据集 MUTAG 上 WLSK 的分类精度要比 WLEK 要高,如果我们增大组合系数 α,则 WLSK 的影响力也将增大,并且在组合系数 α 为[0.5,0.7]时,组合核能够获得最高的分类精度。

图 5-1(c)和(e)显示在 ENZYMES 和 PTC 集上 WLEK 的分类精度比 WLSK

高,图 5-1(c)和(e)显示组合图核不仅仅有 WLEK 的效率,而且也有 WLSK 的效率,通过增大组合系数 α,WLEK 的影响力也增大,最后得到,α 在区间 $[0.3, 0.5]$ 上时,组合核的分类精度最高。通过图 5-1(a)、(c)和(e),我们可知加权组合图核的分类精度比相应的单核 WLSK 和 WLEK 的分类精度高。

图 5-1(b)和(d)展示了 WLSK 和 WLSPK 在数据集 MUTAG 和 ENZYMES 上的组合效率(SK_SPK)。其中,WLSK 属于方程(5-11)中的 K_1,WLSPK 属于方程(5-11)中的 K_2,图 5-1(b)和(d)显示对于数据集 MUTAG 和 ENZYMES,WLSPK 的分类精度比 WLSK 高。特别地,我们可以清晰地看到,在数据集 ENZYMES 上,WLSPK 的分类精度比 WLSK 高,且组合系数在区间 $[0.3, 0.5]$ 上时能够达到最高精度。类似地,它们的共同点就是组合图核 WCGK 比相应的单核(WLSK 和 WLSPK)拥有更高的分类精度和更好的实验效果。

图 5-1(f)、(g)和(h)显示通过组合 WLEK 和 WLSPK 获得了一个新的组合图核(EK_SPK),组合图核 EK-SPK 比相应的单核(WLEK 和 WLSPK)的精度好。此外,图 5-1(f)和(h)显示,对于数据集 PTC 和 NCI109,WLSPK 的分类精度比 WLSK 的低,但它们的组合核函数的系数在区间 $[0.5, 0.7]$ 上时能够获得最高的分类精度;图 5-1(g)显示,在数据集 NCI1 上,WLSPK 的分类精度高于 WLEK,它们的组合核函数在系数在区间 $[0.3, 0.5]$ 上时能够获得最高的分类精度。

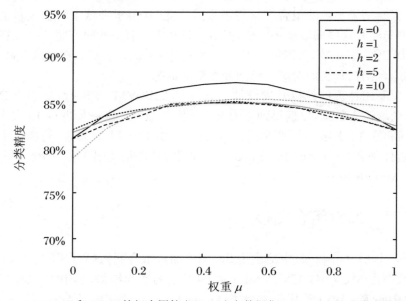

(a) WLSK和WLEK的组合图核(SK_EK)在数据集MUTAG上的分类实验效果

图 5-1 加权组合图核方法的分类精度曲线

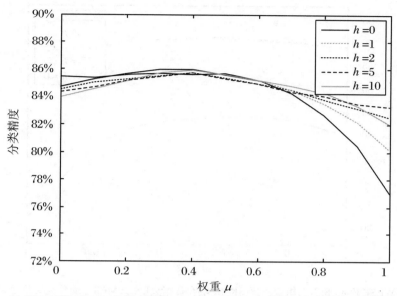

(b) WLSK和WLSPK的组合图核(SK_SPK)在MUTAG数据集上的分类实验效果

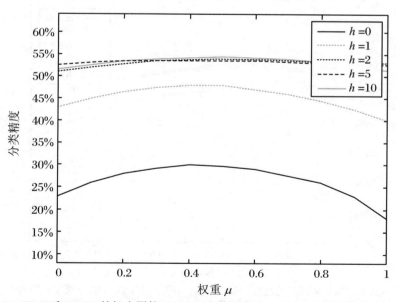

(c) WLSK和WLEK的组合图核(SK_EK)在数据集ENZYMES上的分类实验效果

图 5-1　加权组合图核方法的分类精度曲线(续)

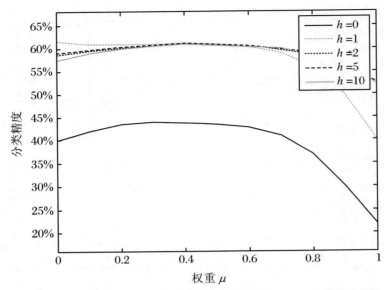

(d) WLSK和WLSPK的组合图核(SK_SPK)在数据集ENZYMES上的分类实验效果

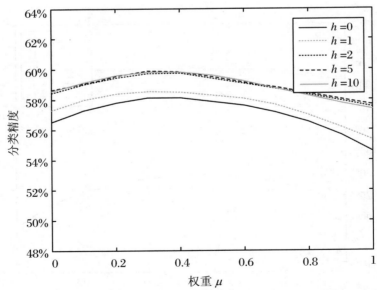

(e) WLSK和WLEK的组合图核(SK_EK)在数据集PTC上的分类实验效果

图 5-1　加权组合图核方法的分类精度曲线(续)

第 5 章 组合 Weisfeiler-Lehman 图核

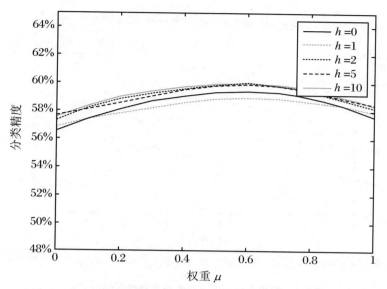

(f) WLEK 和 WLSPK 的组合图核(EK_SPK)在数据集 PTC 上的分类实验效果

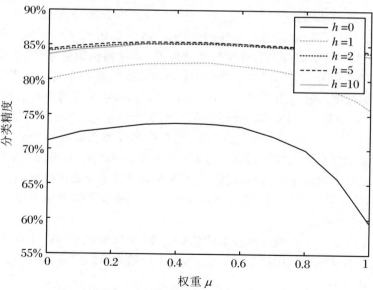

(g) WLEK 和 WLSPK 的组合图核(EK_SPK)在数据集 NCI1 上的分类实验效果

图 5-1　加权组合图核方法的分类精度曲线(续)

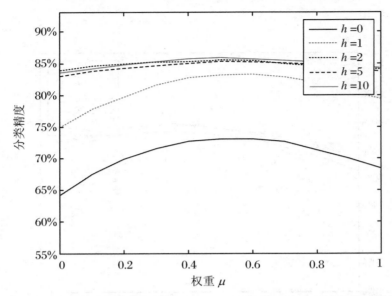

(h) WLEK和WLSPK的组合图核(EK_SPK)在数据集NCI109上的分类实验效果

图 5-1 加权组合图核方法的分类精度曲线(续)

综上所述,首先,当单核 K_1 的分类精度高于另一个单核 K_2 的分类精度时,得到最优组合系数的范围在[0.5,0.7]上;当单核 K_1 的分类精度低于另一个单核 K_2 的分类精度时,得到最优组合系数的范围是在[0.3,0.5]上。其次,图 5-1(a)～(h)展示了组合图核拥有 WL 各个单核的性能,通过调整组合系数,能够获得组合 WL 图核的最好分类能力,同时,组合图核 WCGK 的最佳分类精度要好于相应的单核的分类精度。通过图 5-1(a)～(d)可发现,首先,在给定的所有实验数据中,当 $h=2$ 或 5 的时候,可以获得一个较好的分类实验结果,并且分类器的分类能力是比较稳定的,当 $h=10$ 或者更大的时候,组合核的分类性能并不会进一步提高,而且计算的复杂度会大大增加;其次,当 $h=0$ 或者 1 的时候,分类精度出现了震荡和不稳定。经过大量的重复实验,我们发现当 h 大于或等于 2 的时候,对于所有的实验数据集,这个算法的性能都是比较稳定的。为了降低计算的复杂度,在后面所有实验中,选择 $h=2$。

在表 5-2 中展示了在图数据集上的分类精度(±标准差)。WL 图核中组合效果较差的组合图核的成绩用符号"-"代替,对组合效果差的组合图核的分类结果,则不予列出和讨论。

表 5-2　加权组合图核方法

核	WLSK	WLEK	WLSPK	ARWCGK
MUTAG1 集	82.13±0.51	81.24±1.70	–	84.93±1.56
MUTAG2 集	82.34±0.47	–	84.53±1.51	85.76±1.47
ENZYMES1 集	52.34±1.27	52.98±1.95	–	53.97±1.87
ENZYMES2 集	52.40±1.23	–	59.26±1.17	60.93±1.09
PTC1 集	57.32±0.56	58.47±0.48	–	60.00±0.43
PTC3 集	–	58.52±0.43	57.64±0.50	59.81±0.40
NCI13 集	–	83.93±0.35	84.21±0.41	85.34±0.39
NCI1093 集	–	84.16±0.29	83.59±0.37	84.74±0.35

表 5-3 展示了组合图核在各个分类任务中的执行时间。WL 图核中组合效果较差的组合图核的执行时间用符号"–"代替，组合效果差的组合图核的执行时间将不予列出和讨论。

表 5-3　加权组合图核方法

核	WLSK	WLEK	WLSPK	ARWCGK
MUTAG1 集	1″	1″	–	1″
MUTAG2 集	1″	–	1″	1″
ENZYMES1 集	4″	3″	–	5″
ENZYMES2 集	4″	–	20″	22″
PTC1 集	1″	1″	–	1″
PTC3 集	–	1″	2″	2″
NCI13 集	–	19′	75′	82′
NCI1093 集	–	20′	77′	85′

如表 5-3 所示，因为组合图核 WCGK 是基于两个 WL 图核来设计的，所以在实验中，可通过并行计算的方法来计算两个单核的核矩阵。虽然使用了并行计算，但组合图核对单核的计算时间更长。加权组合图核允许计算一个图的序列，这个序列能够俘获原始图数据的拓扑信息和标签信息，而且运行时间关于边数成线性。

特别地，在诸如 MUTAG、ENZYMES 和 PTC 等小的数据集上，加权组合图核的运行时间基本上和耗费最多运行时间的单核相同；对于较大的数据，因为 WLSPK 的运行时间较长，因此，基于 WLSPK 的组合图核的运行时间比其他组合图核长。

图 5-2 展示了组合图核的分类精度伴随着迭代次数 h 增加的变化关系，其中，图 5-2(a) 显示了组合图核 SK_EK 和 SK_SPK 在数据集 MUTAG 上随 h 增加的变化关系。图 5-2(b) 显示了组合图核 SK_EK 和 SK_SPK 在数据集 ENZYMES 上随 h 增加的变化关系。图 5-2(c) 显示了组合图核 SK_EK 和 SK_SPK 在数据集 PTC 上随 h 增加的变化关系。图 5-2(d) 显示了组合图核 EK_SPK 和 SK_SPK 在数据集 NCI1 和 NCI109 上随 h 增加的变化关系。

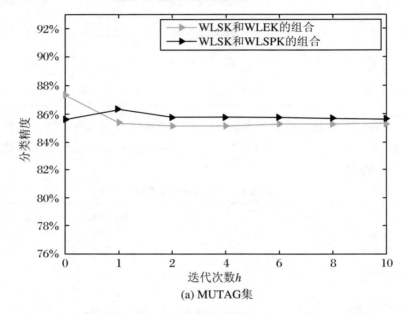

(a) MUTAG 集

图 5-2 组合图核的分类精度伴随着迭代次数 h 增加的变化关系

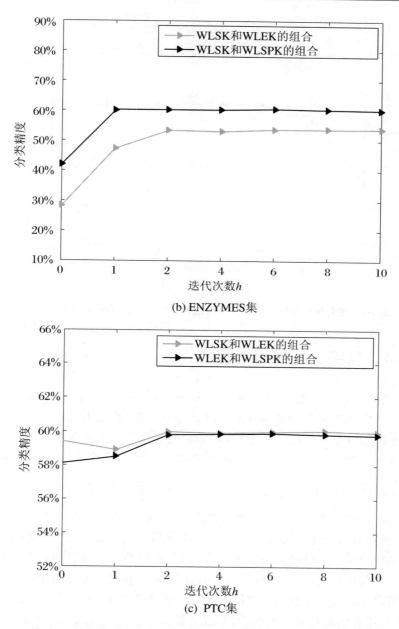

(b) ENZYMES集

(c) PTC集

图 5-2　组合图核的分类精度伴随着迭代次数 h 增加的变化关系(续)

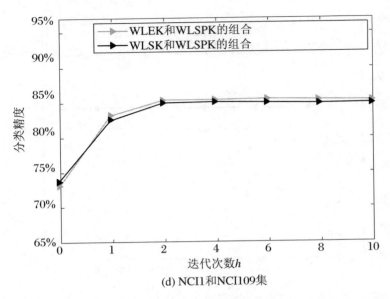

(d) NCI1和NCI109集

图 5-2　组合图核的分类精度伴随着迭代次数 h 增加的变化关系（续）

5.3.4　精度比权重组合图核

表 5-4 给出了精度比权重组合图核（ARWCGK）的实验结果。结果表明：精度比权重组合图核拥有 WL 图核的效率和效果。由表 5-4 可以看出精度权重组合图核和上节中的加权组合图核非常相似，它们都拥有理想的实验分类精度。因为精度权重组合图核的组合系数是由相应的单核的分类精度求得的，所以两者的系数之和等于 1，它们的系数 $\dfrac{A_{k_1}}{A_{k_1}+A_{k_2}}$，$\dfrac{A_{k_2}}{A_{k_1}+A_{k_2}}$ 均在 $[0,1]$ 上，但由于单核的精度相对稳定，因此，它们的组合系数也是稳定的。所以，这可以看成是节 5.3.3 中精度权重的一个特例，因此这个精度比权重组合图核的分类精度常常不能高于 5.3.3 节中所述的组合图核的最高分类精度。然而，将基于 WL 图核框架的精度权重组合图核和对应的单核比较，可发现在所有的数据集上，精度权重组合图核的分类精度仍然能够高于对应的单核，且值得注意的是，精度权重组合图核属于无参数组合图核，而加权组合图核是有参数的，而参数选择是一件非常耗时而且复杂的过程，所以，在执行分类任务中不需要选择参数的精度加权无参数组合图核可以节省很多参数学习的时间，但也牺牲了一定的精度。精度比加权组合图核和加权组合图核是相似的，它们都高于对应单核的分类精度，能够获得理想的实验结果。

表 5-4 精度比加权组合图核方法

核	WLSK	WLEK	WLSPK	ARWCGK
MUTAG1 集	82.43±0.39	81.12±1.72	–	84.37±1.56
MUTAG2 集	82.34±0.49	–	83.81±1.49	85.03±1.46
ENZYMES1 集	52.16±1.24	53.21±2.13	–	53.51±1.74
ENZYMES2 集	52.29±1.18	–	58.91±1.14	60.21±1.15
PTC1 集	57.42±0.56	58.61±0.48	–	59.48±0.52
PTC3 集	–	58.92±0.43	58.04±0.50	59.53±0.48
NCI13 集	–	84.31±0.34	84.61±0.42	84.91±0.40
NCI1093 集	–	84.52±0.27	83.47±0.35	84.73±0.31

表 5-4 展示了精度比加权组合图核方法与其他图核方法在图数据集上的分类精度(±标准差)。WL 图核中组合效果较差的组合图核的成绩用符号"–"代替,组合效果差的组合图核的分类结果,将不予列出和讨论。

表 5-5 展示了精度加权组合图核方法与其他图核方法在各个分类任务中所执行的时间。在图数据集上,WL 图核中组合效果较差的组合图核的执行时间用符号"–"代替,组合效果差的组合图核的实验执行时间,将不予列出和讨论。

表 5-5 精度比加权组合图核方法

核	WLSK	WLEK	WLSPK	ARWCGK
MUTAG1 集	1″	1″	–	1″
MUTAG2 集	1″	–	1″	1″
ENZYMES1 集	4″	3″	–	5″
ENZYMES2 集	4″	–	19″	21″
PTC1 集	1″	1″	–	1″
PTC3 集	–	1″	2″	2″
NCI13 集	–	18′	74′	83′
NCI1093 集	–	22′	77′	86′

5.3.5 乘积组合图核

表 5-6 显示了 SK_EK 和 SK_SPK 在数据集 MUTAG 上的的组合效果,尽管 WLSPK 的精度是 WL 图核框架中最好的,但基于 WLSPK 的乘积组合图核(PCGK)的效率却并不是最高的,例如 SK_EK 的组合效率就比 SK_SPK 的组合效率高。可以清楚地看到在数据集 ENZYMES 上组合图核 EK_SPK 的分类精度要

高于 SK_EK。在数据集 PTC 和 NCI1 上，组合任意两个 WL 框架下的图核，我们得出结论：EK_SPK 的精度要远高于另两个组合图核，即高于 SK_EK 和 SK_SPK 两种组合图核。在数据集 NCI109 上，选择 SK_SPK 和 EK_SPK 两种组合图核可发现，WK_SPK 比其他的组合图核的效果都要好。对于乘积组合图核，EK_SPK 要好于 SK_EK 和 SK_SPK。此外，乘积组合图核的组合效率显然要高于对应的 WL 图核。在小数据集上，不同的组合图核的运行时间几乎是相同的；但在大数据集上，运行时间显然不同更类似于加权组合图核。

表 5-6 PCGK 方法

核	WLSK	WLEK	WLSPK	PCGK
MUTAG1 集	82.31±0.41	81.17±1.93	–	86.08±1.54
MUTAG2 集	82.27±0.47	–	84.03±1.49	84.65±1.36
ENZYMES1 集	52.13±1.37	53.14±2.15	–	58.16±1.87
ENZYMES3 集	–	53.11±1.97	58.93±1.03	61.63±1.69
PTC1 集	57.47±0.49	58.67±0.46	–	59.08±0.47
PTC2 集	57.67±0.47	–	59.23±0.43	61.65±0.46
PTC3 集	–	58.53±0.50	59.34±0.47	61.95±0.49
NCI11 集	82.12±0.23	84.29±0.32	–	84.76±0.30
NCI12 集	82.32±0.20	–	84.39±0.41	84.93±0.39
NCI13 集	–	84.27±0.37	84.43±0.42	85.56±0.35
NCI1092 集	82.41±0.23	–	83.37±0.33	84.43±0.29
NCI1093 集	–	84.31±0.19	83.43±0.28	84.97±0.25

表 5-6 展示了 PCGK 方法与其他图核方法在图数据集上的分类精度（±标准差）。WL 图核中组合效果较差的组合图核的成绩用符号"–"代替，且其分类结果将不再列出和讨论。

表 5-7 PCGK 方法

核	WLSK	WLEK	WLSPK	PCGK
MUTAG1 集	1″	1″	–	1″
MUTAG2 集	1″	–	1″	1″
ENZYMES1 集	4″	3″	–	5″
ENZYMES3 集	–	3″	20″	21″
PTC1 集	1″	1″	–	2″
PTC2 集	1″	–	2″	3″
PTC3 集	–	1″	2″	2″

核	WLSK	WLEK	WLSPK	PCGK
NCI11 集	21″	19′	−	27″
NCI12 集	21″	−	75″	85″
NCI13 集	−	19′	75″	83″
NCI1092 集	22″	−	77″	86″
NCI1093 集	−	20″	77″	1′16″

表 5-7 展示了 PCGK 方法与其他图核方法在图数据集上的运行时间。WL 图核中组合效果较差的组合图核的执行时间用符号"−"代替,组合效果差的组合图核的实验执行时间将不予列出和讨论。

5.3.6 三种组合图核的比较

首先,考虑在分类精度方面,WCGK 相对单核,在所有的数据集上都能够获得较高的分类精度,但是它的最佳组合系数还难以确定。尽管如此,仍然能够确定组合图核的最佳权重区间。可以认为 ARWCGK 是 WCGK 的一个特例,它的组合权重系数很容易由相应单核的分类精度计算出来。然而,这样计算出来的权重系数可能不是最佳权重系数,因此,它的分类精度可能没有 WCGK 的最佳分类精度高,但值得一提的是,它的计算时间较 WCGK 为短。另外,ARWCGK 的分类精度仍然高于它对应的单核的分类精度。对于 PCGK 而言,在大多数数据集上 EK_SPK 组合图核的分类精度是要优于 SK_EK 和 SK_SPK 的。此外,在大多数数据集上,PCGK 的结果要优于 WCGK 和 ARWCGK。

其次,WCGK 比 AWRCGK 和 PCGK 需要更多的运行时间,因为 WCGK 是有参数组合图核,而 AWRCGK 和 PCGK 属于无参数组合图核。然而,值得注意的是,参数选择是非常困难的和复杂的,有参数的组合图核在实验中需要更多的运行时间,因此,在计算速度上,AWRCGK 和 PCGK 比 WCGK 更优。

第三,在所有的实验中,所有的组合图核都能够战胜对应的单核,甚至能够获得最佳的分类精度。此外,组合图核是基于几种优秀基本图核组合而成的,它是图核应用在生物计算和蛋白质分子研究等领域的一次尝试,为将来进一步深入研究组合图核奠定了基础。

5.4 本章小结

本章主要讨论了如何以模式识别中的图核方法来解决现实世界中的拓扑结构图的分类问题。随着社会经济的高速发展，在生物、数据挖掘领域将会出现越来越多的图数据（如分子结构、蛋白质交叉网络和社交网络等），本章中的组合图核是基于 WL 图核设计的。实验证明，在所有的数据集上，组合图核都能够优于对应的单核。将来会研究组合图核在连续的和高维的标签图数据集上的有效计算及应用。

第6章　基于冯·诺依曼熵的再生性图核

在结构模式识别领域，有一个非常重要的基本问题，那就是度量结构图之间的相似性或者距离。各种各样的图核已经在相应的领域被提出，然而到目前为止，基于再生核希尔伯特空间上的图核函数还很少被讨论。本章基于无向图的一个信息熵逼近表达式展开，这个表达式依赖于对图的顶点的统计，然后我们通过这个逼近的冯·诺依曼熵来度量一对图之间的相似性。其次，我们通过一个广义微分方程的基本解来给出 H^1 空间上的 H^1 再生核，并验证这个再生核满足默瑟定理。最后，基于逼近的冯·诺依曼信息熵定义了一个逼近的冯·诺依曼熵再生性图核。实验结果表明：在几个公用的图数据集上，这一方法的分类精度优于大多数其他先进的图核方法，并且计算时间较短。

6.1　图的顶点度的分布

为了更好地理解信息熵图核，首先需要了解下面的一些基本知识：在本节中，我们使用图的顶点的度来计算逼近冯·诺依曼信息熵[156]，用 $G=(V,E)$ 来表示图，其中 V 是顶点集，$E \subseteq V \times V$ 是边集，图 G 的邻接矩阵 A 可表示为

$$A(u,v) = \begin{cases} 1 & ((u,v) \in E) \\ 0 & (\text{其他}) \end{cases}$$

图 G 的度矩阵是对角矩阵 D，D 的对角线元素可以表示为

$$D(u,v) = d_u = \sum_{v \in V} A(u,v)$$

通过邻接矩阵和度矩阵计算出拉普拉斯矩阵 $L = D - A$，也就是度矩阵和对角矩阵的差，那么拉普拉斯矩阵的元素是

$$L(u,v) = \begin{cases} d_v & (u = v) \\ -1 & ((u,v) \in E) \\ 0 & (\text{其他}) \end{cases}$$

进一步，通过 $\hat{L} = D^{-1/2} L D^{-1/2}$ 给出标准化的拉普拉斯矩阵如下：

$$L(u,v) = \begin{cases} -1 & (u = v \text{ 且 } d v \neq 0) \\ \dfrac{-1}{\sqrt{d_u d_v}} & ((u,v) \in E) \\ 0 & (\text{其他}) \end{cases}$$

标准化拉普拉斯矩阵谱分解表示为

$$\hat{L} = \Phi \wedge \Phi^T$$

其中

$$\wedge = \begin{bmatrix} \lambda_1 & & & \\ & \lambda_2 & & \\ & & \ddots & \\ & & & \lambda_{|v|} \end{bmatrix}$$

是对角矩阵，对角矩阵的元素是拉普拉斯矩阵的有序特征值，且特征值满足($0 < \lambda_1 < \lambda_2 < \cdots < \lambda_{|v|}$)，$\Phi = (\varphi_1 < \varphi_2 < \cdots < \varphi_{|v|})$是有序正交特征向量，标准化的拉普拉斯矩阵是半正定的且所有的特征值非负。

6.2 逼近的图的冯·诺依曼熵

本节将探索如何通过冯·诺依曼熵来度量图的熵。基于标准化的拉普拉斯特征谱，我们定义图 G 的冯·诺依曼熵[157]：

$$H_{\text{VN}} = -\sum_{i=1}^{|V|} \frac{\lambda_i}{|V|} \ln \frac{\lambda_i}{|V|}$$

冯·诺依曼熵需要计算特征值，它的计算复杂度是顶点数的三次方，Han 和 Bai 等[158-160]已经将图的冯·诺依曼熵的计算复杂度降低到了二次方，在这里，我们将用 Han 的方法来逼近香农熵 $\frac{\lambda_i}{|V|}\left(1 - \frac{\lambda_i}{|V|}\right)$，步骤如下：

$$H_{\text{VN}} = -\sum_{i=1}^{|v|} \frac{\lambda_i}{|V|} \ln \frac{\lambda_i}{|V|} \approx \sum_{i=1}^{|v|} \frac{\lambda_i}{|V|}\left(1 - \frac{\lambda_i}{|V|}\right)$$

$$= \sum_{i=1}^{|v|} \frac{\lambda_i}{|V|} - \sum_{i=1}^{|v|} \frac{\lambda_i^2}{|V|^2}$$

进一步，利用 $\text{Tr}[L^n] = \sum_{i=1}^{|V|} \lambda_i^n$，将逼近的二次方熵重写为

$$H_{\text{VN}} = \frac{\text{Tr}[L]}{|V|} - \frac{\text{Tr}[L^2]}{|V|^2}$$

根据标准化的拉普拉斯矩阵，得到 $\text{Tr}[L] = |V|$，与之类似，进一步有

$$\text{Tr}[L^2] = |V| + \sum_{(v_i, v_j) \in E} \frac{1}{d(v_i) d(v_j)}$$

因此，获得逼近的冯·诺依曼熵如下：

$$H_{\text{VN}}(G) = 1 - \frac{1}{|V|} - \sum_{(v_i,v_j) \in E} \frac{1}{|V|^2 d(v_i) d(v_j)} \tag{6-1}$$

对于顶点为 $|V|$ 的图 $G(V,G)$，它的度数矩阵能够通过访问相应的邻接矩阵的所有的顶点被计算。因此，图 G 的冯·诺依曼信息熵 $H_{\text{VN}}(G)$ 也是直接通过访问邻接矩阵的所有顶点 $|V|$ 来计算，则逼近的冯·诺依曼熵的复杂度是 $O(|V|^2)$。

6.3 基于逼近的冯·诺依曼熵的再生性图核

由定理 4.1，我们获得 H^1 空间上的再生核函数为

$$K_1(x,y) = \frac{e^{-\|x-y\|_1}}{2} \tag{6-2}$$

其中，$\|\cdot\|_1$ 是向量的 L_1 范数。

下面考虑图数据集 $\{G_1, G_2, \cdots, G_n\}$。在公式(6-2)中，假设 $x = H_{\text{VN}}(G)$，进一步，定义 H^1 空间上的逼近的冯·诺依曼熵的再生性图核如下：

$$K_{\text{AVNERGK}}(x,y) = \frac{e^{-|H_{\text{VN}}(G_a) - H_{\text{VN}}(G_b)|}}{2} \tag{6-3}$$

一个有效核函数通常都是半正定的，因为半正定性可以保证该核函数在支持向量机二次规划的问题中得到全局逼近解，所以半正定性对设计核函数来说是非常重要的条件。因为 H^1 空间上的再生核函数(6-2)是半正定的，所以逼近的冯·诺依曼熵的再生性图核(6-3)也满足半正定性。

算法 6.1 算法复杂度分析：计算 N 个图的逼近的冯·诺依曼熵再生性图核。

输入：N 个图的数据集 $\{G_1, G_2, \cdots, G_n\}$。

输出：逼近的冯·诺依曼熵再生性图核矩阵 $K_{N \times N}$。

(1) 对于每个图 $G_a = (V_a, E_a)$，通过方程(6-1)计算它的逼近的冯·诺依曼熵。

(2) 计算每对图 $G_a = (V_a, E_a)$ 和 $G_b = (V_b, E_b)$ 的逼近的冯·诺依曼熵 $H_{\text{VN}}(G_a)$ 和 $H_{\text{VN}}(G_b)$，并计算 $H_{\text{VN}}(G_a) - H_{\text{VN}}(G_b)$。

(3) 计算每对图 $G_a = (V_a, E_a)$ 和 $G_b = (V_b, E_b)$ 之间的度量核矩阵，核矩阵的元素来自于公式(6-3)。

设样本个数为 N 的图数据集的图的顶点为 n，其逼近的冯·诺依曼熵再生性图核的复杂度计算可以由算法 6.1 给出：

① 基于 6.2 节的定义，在算法 6.1(1)中，计算每个图的冯·诺依曼熵的时间复杂度为 $O(N_n^2)$。

② 由算法 6.1(2)知计算每对图的逼近的冯·诺依曼熵的度量的复杂度为 $O(N^2)$。

③ 逼近的冯·诺依曼熵的图核的最终计算复杂度为 $O(N_n^2 + N^2)$。

6.4 实验结果与分析

6.4.1 图数据集

本节将验证冯·诺依曼熵图核用于模式分类实验的效率,并评估这一方法的性能。实验由三部分组成:第一,在标准的图数据集上测试新提出的图核在分类实验中的分类效率,数据集来自于生物分子和计算机视觉数据集。第二,与一些先进的图核进行比较,以此分析新提出的图核相对其他图核是否具有优势。第三,评估新提出的图核的计算效率。实验数据集包括 MUTAG、PPIs、PTC、COTL5 和 Shock[153]。数据集介绍如下:

MUTAG 是一个根据能否对革兰氏阴性鼠伤寒沙门氏菌引发突变作用而进行分类的含有 188 个突变芳香和杂环硝基化合物的数据集。

PPIs 是蛋白质相互作用网络数据集,数据集里的结构图数据表示了在异类细菌中的组氨酸激酶之间的相互关系。组氨酸激酶是信号传导中非常关键的蛋白质,在传导过程中,两个蛋白质之间用一条边链接,从而构成了拓扑结构图。PPIs 数据集是 6 种不同的蛋白质通过一定的进化方法收集得到的图数据集。

PTC 数据集记录了对 4 种老鼠有致癌作用的几百种化合物。这些图是非常小的,它们的顶点为 20~30 个,边数为 25~40 个,且是稀疏的。这里我们选择 4 种老鼠中的一种雄性老鼠作为实验对象。这种老鼠所对应的化合物有 334 种。

COIL5 是由 COIL 图像数据集产生的。COIL 图像数据集有 100 个 3D 图像,使用前 5 个图像来作为实验对象,每个图像集都包含了 72 个从不同视角获取的实验对象的图像。

Shock 数据集来自于 Shock-2D 图像数据集。Shock 数据集拥有 150 个图,分 10 类,每类包含 15 个图。

这些数据集的详细特征如表 6-1 所示。

表 6-1 5 个图数据集的主要统计信息

数据集	MUTAG 集	PPIs 集	PTC 集	COIL5 集	Shock 集
个数	188	219	334	360	150
类别	2	6	2	5	10
平均顶点数	17.9	109.6	25.8	145.0	13.17
平均边数	39.5	1063.0	51.9	838	24.33

下面展示这些图数据集随着顶点数的变化所对应的样本个数分布情况（图6-1）。

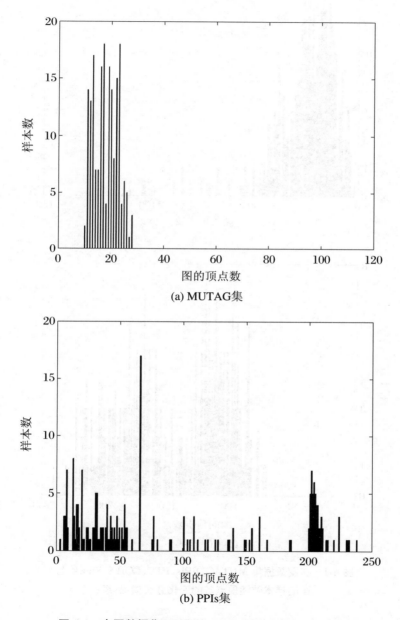

(a) MUTAG集

(b) PPIs集

图 6-1 在图数据集 MUTAG、PPIs、PTC、COIL5、Shock 上图的样本数随顶点数的变化分布情况

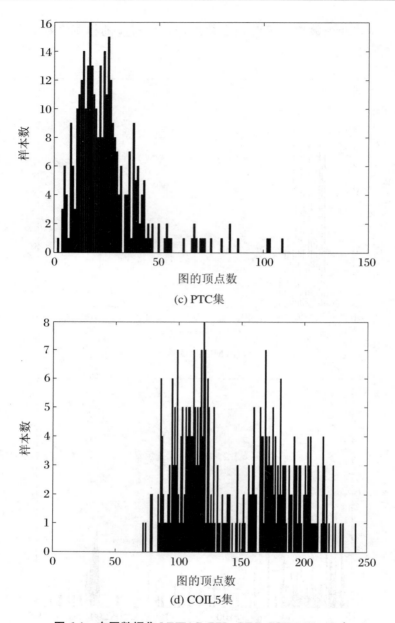

(c) PTC集

(d) COIL5集

图 6-1 在图数据集 MUTAG、PPIs、PTC、COIL5、Shock 上图的样本数随顶点数的变化分布情况(续)

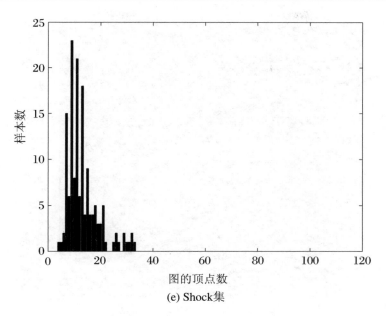

(e) Shock集

图 6-1　在图数据集 MUTAG、PPIs、PTC、COIL5、Shock 上图的样本数随顶点数的变化分布情况(续)

6.4.2　图核矩阵

我们所提出的逼近的冯·诺依曼熵图核矩阵元素的值在[0,1]范围内,为了展示这种图核矩阵的一些性质,将图核矩阵的元素通过线性变换映射到[0,255]中,并且画出图核矩阵以左上角为中心的前 100×100 的平方矩阵,由图 6-2(a)～(e)可以清楚地看出,该图核函数在 5 个图数据集上所生成的图核矩阵是严格对称的。

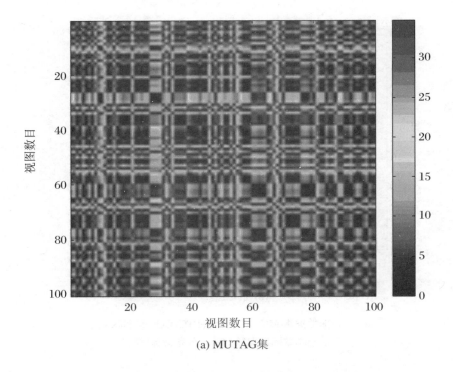

(a) MUTAG集

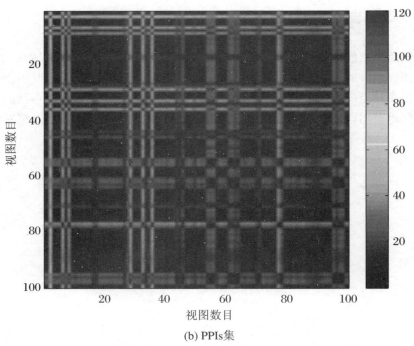

(b) PPIs集

图 6-2 在数据集 MUTAG、PPIs、PTC、COIL5、Shock 上的图核矩

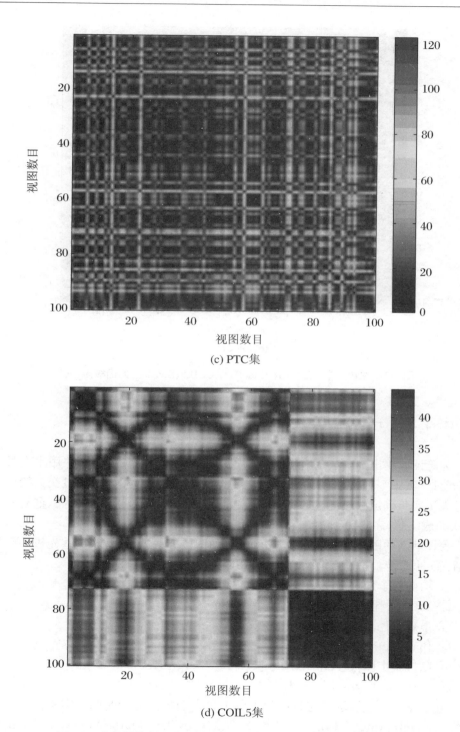

(c) PTC集

(d) COIL5集

图 6-2 在数据集 MUTAG、PPIs、PTC、COIL5、Shock 上的图核矩(续)

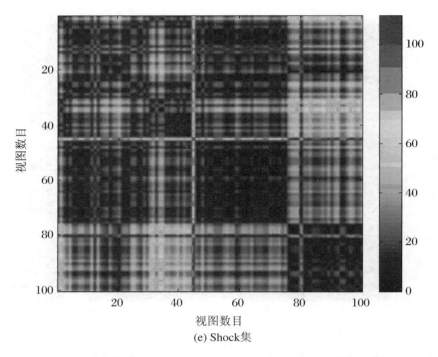

(e) Shock集

图 6-2 在数据集 MUTAG、PPIs、PTC、COIL5、Shock 上的图核矩(续)

6.4.3 分类精度

为验证所提出的方法的有效性,利用 LIBSVM 集来完成实验,并用十交叉方法来验证,其中 80% 是训练集,20% 是测试集;所有的核参数都是通过交叉验证并通过大量实验确定的最优参数;为了得到稳定的实验结果,剔除随机性,重复实验 10 次完成实验(表 6-2)。

为评估新的图核方法,将其与几种先进的图核方法进行比较,这些先进的图核包括:① 非均衡量子延森-香农图核(QJSU)[161]。

② 均衡量子延森-香农图核(QJSA)[161]。

③ WL 子树图核(WL)[12]。

④ 最短路径图核(SPGK)[28]。

⑤ Ihara zeta 核(BRWK)[162]。

⑥ 随机游走图核(RWGK)[6]。

⑦ 3 个顶点的 graphlet 图核(GCGK3)[163]。

此外,表 6-3 也展示了在每个数据集上每个图核的运行时间。实验使用的硬件是 2.5 GHz, Intel 2-Core 处理器;软件是美国 The Math Works 公司推出的 MATLAB R2013a。

对于 WL 子树图核,设 WL 同构维数为 10,也即是将计算 10 个在不同子树高 h 下的 WL 子树核矩阵 ($k(1), k(2), \cdots, k(10)$),对于 WL 和 SPGK 图核,使用顶点的度代替它们的顶点标签信息,对于 WL 图核,计算不同子树高下的 10 个图核矩阵,对于运行时间,求解的是这 10 个图核矩阵的平均时间。

表 6-2 在生物信息学与计算机视觉数据集上的分类精度(±标准差)

核	MUTAG 集	PPIs 集	PTC 集	COIL5 集	Shock 集
AVNERGK	84.02±0.62	58.71±0.45	57.62±0.47	70.52±0.59	40.06±0.89
QJSU	82.70±0.45	69.51±1.27	56.79±0.51	70.13±0.68	40.67±0.97
QJSA	82.87±0.52	73.43±1.12	57.35±0.43	69.81±0.55	42.78±0.85
WL	82.07±0.59	78.63±1.42	56.15±0.53	33.21±1.05	36.48±1.03
SPGK	83.43±0.89	60.92±1.07	56.36±0.58	69.57±0.55	37.92±0.89
JSGK	83.19±0.84	57.83±1.32	57.17±0.43	69.17±0.87	22.01±0.74
BRWK	77.36±0.79	53.66±1.52	53.89±0.32	14.73±0.26	0.43±0.48
RWGK	80.69±0.67	55.03±0.84	55.83±0.43	21.06±0.49	2.31±1.13
GCGK3	81.55±0.43	46.52±0.54	55.61±0.39	65.21±0.79	25.00±1.53

从表 6-2 可以看出:① 在数据集 MUTAG 上,我们的方法能够获得最高的分类精度,其中 BRWK 是最低的。

② 在数据集 PPIs 上,WL 和 QJSA 图核能够获得较高的分类精度,总体上新的方法的分类精度低于 WL、QJSU 和 QJSA 图核,但比 SPGK 图核略低,但是它仍然能够胜过其他图核。

③ 在数据集 PTC 上,我们的方法比其他方法的分类精度更高,能够胜过 QJSA 图核。此外,它与 QJSU、WL、SPGK 和 JSGK 图核的分类精度相当。BRWK 的分类精度在所有图核中仍然是最低的。

④ 对于数据集 COIL5,除了 WL、BRWK 和 RWGK 图核,其他图核的分类精度都相当,并且我们的方法能够与 QJSU 图核相当。

⑤ 对于数据集 Shock,我们的方法能够优于除了 QJSU 和 QJSA 图核之外的其他所有图核。我们的方法的分类精度略低于 QJSU 和 QJSA。

很明显,在实验选择的大多数数据集上,新提出的逼近的冯·诺依曼信息熵图核的分类精度能够比得上或优于那些先进的图核。与两种量子延森-香农图核相比,我们的图核在一些数据集上的分类性能较好;与 BRWK 和 RWGK 比较,由于 BRWK 与 RWGK 属于 R 卷积图核,没有考虑到图的非同构的子结构问题,而我们的方法则考虑到了这个问题,所以我们的方法在所有的数据集上都具有优势。此外,我们的图核是基于 H^1 再生核与图的逼近的冯·诺依曼熵设计的图核函数,避免了高复杂度计算,特别是,我们的图核是基于再生核框架而设计的。因再生核在许多领域有着重要的应用,有着许多良好的性质,如逼近性、对称性等,所以我们的图核同样具备了很多良好的数学性质。因此,我们的图核在模式分类中具有较好的分类性能。

6.4.4 时间复杂度

在 6.3 节中已经得到，逼近的冯·诺依曼熵的图核的计算复杂度为 $O(N_n^2 + N^2)$。从表 6-3 可以进一步验证，我们的新图核方法与其他所有先进的图核方法，包括 QJSU，QJSA，WL，BRWK，RWGK 和 GCGK3 相比，效率最高。其中，我们的新方法的分类能力比较容易超过 QJSU，QJSA 和 GCGK3 等图核方法。此外，我们的新图核方法和 JSGK 图核方法性能相当，在所有的数据集上的对比中，它们的计算速度都是最快的。由表 6-3 可知，我们的新方法的运行时间在所有的数据集上都只需 1 s 就可以完成。与此相对的是，QJSA 图核在数据集 COIL5 上的运行时间则需要 1 h。

表 6-3 各种图核方法在图数据集上的 CPU 运行时间

核	MUTAG 集	PPIs 集	PTC 集	COIL5 集	Shock 集
AVNERGK	1″	1″	1″	1″	1″
QJSU	21″	57″	1′43″	18′23″	15″
QJSA	1′31″	23′29″	16′38″	8h	31″
WL	4″	13″	12″	1′3″	3″
SPGK	1″	7″	1″	32″	1″
JSGK	1″	1″	1″	1″	1″
BRWK	2″	14′21″	4″	16′50″	9″
RWGK	44″	1′9″	2′39″	19′36″	22″
GCGK3	1′21″	2′18″	2′28″	4′02″	1′26″

6.5 本章小结

本章定义了一个新的图核框架，在这个框架下，针对无标签或者离散标签图构造了一个新的图核。这一新的图核是将再生核与逼近的冯·诺依曼熵融合而设计出来的。这一图核方法的分类精度至少不低于其他先进的图核，而计算时间更短、效率更高，在所有的数据集上，都能在 1 s 之内完成计算。将来会将这一新的图核应用于大尺寸的图数据集上，并评估它的分类精度和计算效率。

第 7 章 总结与展望

模式识别核方法有着很多非常良好的数学性质,近些年来,核理论与方法的数学理论被进一步发展,使其不仅在数学理论领域得到非常重要的研究和发展,而且大量的研究成果已经很好地被应用到小波分析、工程计算、数据图像处理、人工智能、模式识别及机器学习等方面。

本书的创新之处主要包括以下几个方面:

第一,提出了一种具有再生性的多核学习方法。再生性的多核学习方法的建立,主要是通过下面两个过程来完成的:首先,通过狄拉克函数给出一类广义微分方程的基本解,并证明了这个基本解是 H^2 空间上的再生核,它在数值计算中具有良好的局部性质。其次,证明这个 H^2 空间上的再生核满足默瑟核的条件,并设计了一种基于 H^2 空间的具有再生性的多核学习方法,以该多核方法代替单核方法能增强支持向量机决策函数的可解释性,并使得基于该多核方法的支持向量机获得更优的分类性能。最后,用大量的实验验证了新方法的有效性。

第二,提出了一个新颖的多属性的具有再生性的卷积核方法。再生核具有良好的再生性,这为许多数学及工程中的拟合、重构问题带来了极大的便利。为了更好地应用再生核理论的这些优良性质,作了如下工作:

首先,可以通过狄拉克函数给出一类广义微分方程的解,然后基于这个解来设计一个多属性卷积核函数。

其次,证明这个多属性函数满足默瑟核的条件,且这个多属性核函数具备 3 个属性:L_1 范数、L_2 范数和拉普拉斯核。由于通过不同的属性能够获取不同的特征信息,而该卷积核方法是在再生核希尔伯特空间中被讨论的,所以它融合了每个属性的优点,比传统的希尔伯特空间上的核方法具备更高的基于多属性核函数的支持向量机的模式分类能力。

最后,通过实验验证了该方法的有效性。

第三,提出了基于 WL 图核的几种组合图核方法。首先,基于 WL 图序列给出了基于该序列的子树核、边核和最短路径核。其次,基于 WL 图核定义了 3 种组合图核:第一种为加权组合图核,它是参数组合图核;第二种为精度比组合图核;第三种为乘积组合图核,后两种图核属于无参数图核。最后,通过大量的实验,证明了基于 WL 图核的组合图核在实验数据集上优于或相当于对应的单个图核。这对拓展组合图核的理论与应用研究有一定的现实意义。

第四,提出了一种基于逼近的冯·诺依曼熵的再生性图核方法。在结构模式识别领域,有各种各样的图核在相应的专业领域被提出,然而,到目前为止,还很少有基于具有良好逼近性的再生核函数及其再生核希尔伯特空间上的图核函数被讨论。本书首先给出无向图的一种信息熵逼近表达式。这个表达式依赖于图的顶点的统计,然后通过这个逼近的冯·诺依曼熵来度量结构图信息。

其次,通过一个广义微分方程的基本解来给出 H^1 空间上的 H^1 核函数。

最后,基于逼近的冯·诺依曼信息熵与 H^1 核函数定义了一种逼近的冯·诺依曼熵再生性图核。

实验结果表明:这一新方法的分类精度在几个公用的图核数据集上优于或相当于用于对比的其他的先进的图核,并且在时间复杂度上,新方法的计算时间较短。

后续研究的内容包括:

第一,对于第 3 章中提出的具有再生性的多核学习方法,可以进一步设计新的基于再生核的多核学习方法,并以此方法完成一些新的模式分类任务,丰富再生核的应用范围,拓展多核学习方法的基础理论。

第二,对于第 4 章中提出的具有再生性的多属性卷积核方法,可以通过对其他的广义微分方程解的讨论,来发展和设计新的多属性卷积核函数。

第三,第 5 章提出了基于 WL 图核的几个组合图核的方法。由于不同方法的集成有助于提高分类器的分类效率,所以可以进一步发展出新的组合图核方法,来拓展基于图核的分类算法,并将这些新的方法应用于结构模式识别领域。

第四,对于第 6 章提出的基于逼近的冯·诺依曼熵的再生性图核方法,可以考虑某种度量结构图信息的新方法,并将其与再生核度量函数结合起来,发展新的图核理论,并通过大量的实验进行评估与验证。

参 考 文 献

[1] 范保玲.基于 Hough 变换和神经网络的中国静态手语识别[D].陕西:西安建筑科技大学,2008.
[2] 蒋强荣.图核及其在模式识别中应用的研究[D].北京:北京工业大学,2012.
[3] 张燕.基于图核的图匹配方法研究及在建筑空间的应用[D].陕西:西安建筑科技大学,2013.
[4] 边肇祺.模式识别[M].北京:清华大学出版社,2000.
[5] 徐勇,张大鹏,杨健.模式识别中的核方法及其应用[M].北京:国防工业出版社,2010.
[6] GÄRTNER T,FLACH P,WROBEL S. On graph kernels:hardness results and efficient alternatives[C]//Learning Theory and Kernel Machines. Berlin:Springer,2003:129-143.
[7] TSUDA K,KIN T,ASAI K. Marginalized kernels for biological sequences[J]. Bioinformatics,2002,18(1):268-275.
[8] KASHIMA H,TSUDA K,INOKUCHI A. Marginalized kernels between labeled graphs[C]//ICML,2003,3:321-328.
[9] KONDOR R I,LAFFERTY J. Diffusion kernels on graphs and other discrete input spaces[C]//ICML,2002,2:315-322.
[10] LAFFERTY J,LEBANON G. Diffusion kernels on statistical manifolds[J].Journal of Machine Learning Research,2005,6(1):129-163.
[11] HAMMOND D K,GUR Y,JOHNSON C R. Graph diffusion distance:a difference measure for weighted graphs based on the graph Laplacian exponential kernel[C]//Global Conference on Signal and Information Processing,2013:419-422.
[12] SHERVASHIDZE N,SCHWEITZER P,LEEUWEN E J,et al. Weisfeiler-Lehman graph kernels[J].Journal of Machine Learning Research,2011,12(9):2539-2561.
[13] BAI L,ROSSI L,TORSELLO A,et al. A quantum Jensen-Shannon graph kernel for unattributed graphs[J]. Pattern Recognition,2015,48(2):344-355.

[14] BAI L, HANCOCK E R. Graph kernels from the jensen-shannon divergence [J]. Journal of Mathematical Imaging and Vision, 2013, 47(1/2):60-69.

[15] BAI L, HANCOCK E R. Depth-based complexity traces of graphs[J]. Pattern Recognition, 2014, 47(3):1172-1186.

[16] AIZERMAN N A, BRAVERMAN E M, ROZONER L I. Theoretical foundations of the potential function method in pattern recognition learning[J]. Automation and Remote Control, 1964, 25:821-837.

[17] BOSER B E, GUYON I M, VAPNIK V N. A training algorithm for optimal margin classifiers[C]// Proceedings of the Fifth Annual Workshop on Computational Learning Theory, 1992:144-152.

[18] SUYKENS J A K, VANDEWALLE J. Least squares support vector machine classifiers[J]. Neural Processing Letters, 1999, 9(3):293-300.

[19] FUREY T S, CRISTIANINI N, DUFFY N, et al. Support vector machine classification and validation of cancer tissue samples using microarray expression data[J]. Bioinformatics, 2000, 16(10):906-914.

[20] TONG S, KOLLER D. Support vector machine active learning with applications to text classification[J]. Journal of Machine Learning Research, 2001, 2(11):45-66.

[21] SHAWE-TAYLOR J, CRISTIANINI N. Kernel methods for pattern analysis [M]. Cambridge: Cambridge University Press, 2004.

[22] SCHÖLKOPF B, BURGES C J C. Advances in kernel methods: support vector learning[M]. Cambridge: MIT Press, 1999.

[23] SCHÖLKOPF B, TSUDA K, VERT J P. Kernel methods in computational biology[M]. Cambridge: MIT Press, 2004.

[24] HAUSSLER D. Convolution kernels on discrete structures[R]. Santa Cruz: University of California, 1999.

[25] KONDOR R I, LAFFERTY J. Diffusion kernels on graphs and other discrete input spaces[C]// ICML, 2002, 2:315-322.

[26] SMOLA A J, KONDOR R. Kernels and regularization on graphs[C]// Learning Theory and Kernel Machines. Berlin: Springer, 2003:144-158.

[27] GRETTON A, BORGWARDT K M, RASCH M, et al. A kernel method for the two-sample-problem[C]// Advances in Neural Information Processing Systems, 2006:513-520.

[28] BORGWARDT K M, KRIEGEL H P. Shortest-path kernels on graphs [C]// Fifth IEEE International Conference on Data Mining, 2005:1-8.

[29] BORGWARDT K M, ONG C S, SCHÖNAUER S, et al. Protein function

prediction via graph kernels[J]. Bioinformatics,2005,21(1):i47-i56.

[30] COSTA F,DE GRAVE K. Fast neighborhood subgraph pairwise distance kernel[C]// Proceedings of the 26th International Conference on Machine Learning,2010:255-262.

[31] COLLINS M,DUFFY N. Convolution kernels for natural language[C]// Advances in Neural Information Processing Systems,2001:625-632.

[32] MOSCHITTI A. Efficient convolution kernels for dependency and constituent syntactic trees[C]//European Conference on Machine Learning. Berlin: Springer,2006:318-329.

[33] AZIZ F,WILSON R C,HANCOCK E R. Backtrackless walks on a graph [J]. IEEE Transactions on Neural Networks and Learning Systems,2013, 24(6):977-989.

[34] BAI L,ROSSI L,TORSELLO A,et al. A quantum Jensen-Shannon graph kernel for unattributed graphs[J]. Pattern Recognition, 2015, 48 (2): 344-355.

[35] BAI L,HANCOCK E R,TORSELLO A,et al. A quantum Jensen-Shannon graph kernel using the continuous-time quantum walk[C]// International Workshop on Graph-based Representations in Pattern Recognition. Berlin:Springer,2013:121-131.

[36] BAI L,ZHANG Z,WANG C,et al. A graph kernel based on the Jensen-Shannon representation alignment [C] // Proceedings of the 24th International Conference on Artificial Intelligence,2015:3322-3328.

[37] 贾世杰,孔祥维.一种新的直方图核函数及在图像分类中的应用[J].电子与信息学报,2011,33(7):1738-1742.

[38] 吴逯,张道强.半监督图核降维方法[J].计算机科学与探索,2010,4(7):629-636.

[39] 王立鹏,费飞,接标,等.基于子图选择和图核降维的脑网络分类方法[J].计算机科学与探索,2014,8(10):1246-1253.

[40] GÄRTNER T. A survey of kernels for structured data[J]. ACM SIGKDD Explorations Newsletter,2003,5(1):49-58.

[41] LAFFERTY J,LEBANON G. Information diffusion kernels[C]//NIPS, 2002:375-382.

[42] SMOLA A J,KONDOR R. Kernels and regularization on graphs[C]// Learning Theory and Kernel Machines. Berlin:Springer,2003:144-158.

[43] KANDOLA J,CRISTIANINI N,SHAWE-TAYLOR J S. Learning semantic similarity[C] // Advances in Neural Information Processing Systems,

2002:657-664.

[44] LAFFERTY J, LEBANON G. Diffusion kernels on statistical manifolds [J]. Journal of Machine Learning Research, 2005, 6(1):129-163.

[45] WATKINS C. Dynamic alignment kernels[J]. Advances in Neural Information Processing Systems, 1999:39-50.

[46] TYMOSHENKO K, BONADIMAN D, MOSCHITTI A. Convolutional neural networks vs. convolution kernels: Feature engineering for answer sentence reranking[C]//Proceedings of NAACL-HLT, 2016:1268-1278.

[47] CAMUNAS M L, ZAMARRENO R C, LINARES B A, et al. An event-driven multi-kernel convolution processor module for event-driven vision sensors[J]. IEEE Journal of Solid-State Circuits, 2012, 47(2):504-517.

[48] SONG I H, CHUNG S C. Geometric kernel design of the WEB-viewer for the PDM based assembly DMU[J]. Transactions of the Korean Society of Mechanical Engineers A, 2007, 31(2):260-268.

[49] CARETTE J, ELSHEIKH M, SMITH S. A generative geometric kernel [C] // Proceedings of the 20th ACM Sigplan Workshop on Partial Evaluation and Program Manipulation, 2011:53-62.

[50] CORTES C, HAFFNER P, MOHRI M. Rational kernels[C]// Advances in Neural Information Processing Systems, 2003:617-624.

[51] SCHWARZ R F, FLETCHER W, FÖRSTER F, et al. Evolutionary distances in the twilight zone: a rational kernel approach [J]. PLoS One, 2010, 5(12):e15788.

[52] CORTES C, HAFFNER P, MOHRI M. Positive definite rational kernels [C] // Learning Theory and Kernel Mahines. Berlin: Springer, 2003: 41-56.

[53] CORTES C, HAFFNER P, MOHRI M. Rational kernels: theory and algorithms [J]. Journal of Machine Learning Research, 2004, 5(8):1035-1062.

[54] PREDD J B, KULKARNI S R, POOR H V. Distributed kernel regression: An algorithm for training collaboratively[C] // IEEE Information Theory Workshop-ITW'06 Punta del Este, 2006:332-336.

[55] PEREZ-CRUZ F, KULKARNI S R. Robust and low complexity distributed kernel least squares learning in sensor networks [J]. IEEE Signal Processing Letters, 2010, 17(4):355-358.

[56] DA SAN MARTINO G, NAVARIN N, SPERDUTI A. Exploiting the ODD framework to define a novel effective graph kernel [D]. Louvain: Universitaires Cactholique de Louvain, 2015:219-224.

[57] RODRIGUEZ A, KIM B, LEE J M, et al. Graph kernel based measure for evaluating the influence of patents in a patent citation network[J]. Expert Systems with Applications, 2015, 42(3): 1479-1486.

[58] PENG L, ZHANG Z, HUANG Q, et al. Designing a novel linear-time graph kernel for semantic link network[J]. Concurrency and Computation: Practice and Experience, 2015, 27(15): 4039-4052.

[59] YANARDAG P, VISHWANATHAN S V N. Deep graph kernels[C]// Proceedings of the 21th ACM SIGKDD International Conference on Knowledge Discovery and Data Mining. ACM, 2015: 1365-1374.

[60] 杜薇薇. 小波变换像空间的描述[D]. 哈尔滨: 哈尔滨理工大学, 2004.

[61] 曲玉玲. Journe 小波变换像空间的再生核函数[D]. 哈尔滨: 哈尔滨理工大学, 2007.

[62] 徐立祥. 基于最小二乘再生核支持向量机的信号回归[D]. 哈尔滨: 哈尔滨理工大学, 2008.

[63] ARONSZAJN N, SMITH K T. Characterization of positive reproducing kernels. Applications to Green's functions[J]. American Journal of Mathematics, 1957, 79(3): 611-622.

[64] ARONSZAJN N. Theory of reproducing kernels[J]. Transactions of the American Mathematical Society, 1950, 68(3): 337-404.

[65] SAITOH S. Integral transforms, reproducing kernels and their applications[M]. Baca Rato: CRC Press, 1997.

[66] SAITOH S. Hilbert spaces induced by Hilbert space valued functions[J]. Proceedings of the American Mathematical Society, 1983, 89(1): 74-78.

[67] 吴勃英, 张钦礼. 计算再生核的卷积方法[J]. 数学进展, 2003, 32(5): 635-640.

[68] 张新建, 姜悦. 再生核的一种新的计算法及其递推性[J]. 国防科技大学学报, 2007, 29(1): 122-125.

[69] 张静, 王树梅. 基于再生核希尔伯特空间映射的高维数据特征选择优化算法[J]. 计算机应用研究, 2016, 33(12): 3539-3543.

[70] 林硕, 龚志恒, 韩忠华, 等. 基于多个再生核希尔伯特空间的多角度人脸识别[J]. 光子学报, 2013, 42(12): 1436-1441.

[71] 李亮. 基于再生核 Hilbert 空间的非线性信道均衡算法[J]. 计算机工程与应用, 2016, 52(16): 105-109.

[72] 王超, 邹丽娜. 基于高斯核的波束形成[J]. 声学与电子工程, 2015(2): 5-7.

[73] TAOUALI O, ELAISSI I, MESSAOUD H. Online identification of nonlinear system in the reproducing kernel Hilbert space using SVDKPCA method

[C] // International Conference on Communications, Computing and Control Applications. 2011:1-6.

[74] ABU-ARQUB O, AL-SMADI M, MOMANI S. Application of reproducing kernel method for solving nonlinear Fredholm-Volterra integrodifferential equations[J]. Abstract and Applied Analysis, Hindawi Publishing Corporation, 2012,1-16.

[75] KUO F Y, SCHWAB C, SLOAN I H. Quasi-Monte Carlo finite element methods for a class of elliptic partial differential equations with random coefficients[J]. SIAM Journal on Numerical Analysis,2012,50(6):3351-3374.

[76] 张旭莹. Meyer 小波变换像空间的再生核函数[D]. 哈尔滨:哈尔滨理工大学,2015.

[77] FASSHAUER G E, YE Q. Reproducing kernels of Sobolev spaces via a Green kernel approach with differential operators and boundary operators[J]. Advances in Computational Mathematics,2013,38(4):891-921.

[78] INC M,AKGÜL A,KILIÇMAN A. A novel method for solving KDV equation based on reproducing kernel Hilbert space method[J]. Abstract and Applied Analysis,2013:1-11.

[79] 南东,刘力军. 基函数神经网络和再生核函数关系[J]. 北京工业大学学报,2014,40(9):1428-1431.

[80] 张阙,丰雪,董建国,等. 单位球加权 Bergman 空间上的乘法算子[J]. 数学学报,2015(1):125-130.

[81] FASSHAUER G E, HICKERNELL F J, YE Q. Solving support vector machines in reproducing kernel Banach spaces with positive definite functions[J]. Applied and Computational Harmonic Analysis, 2015, 38(1):115-139.

[82] AL-SMADI M,ARQUB O A,SHAWAGFEH N,et al. Numerical investigations for systems of second-order periodic boundary value problems using reproducing kernel method[J]. Applied Mathematics and Computation,2016,291:137-148.

[83] DAUBECHIES I. Ten lectures on wavelets[M]. Philadelphia:Society for Industrial and Applied Mathematics,1992.

[84] MERCER J. Function of positive and negative type and their connection with the theory of integral equations[J]. Philosophical Transactions of the Royal Society of London,1909(209):415-446.

[85] SMOLA A J,SCHOLKOPF B,MULLER K R. The connection between regularization operators and support vector kernels[J]. Neural Networks,

1998,11(4):637-649.

[86] RIESEN K, BUNKE H. Graph classification and clustering based on vector space embedding[M]. Singapore: World Scientific Publishing Co. Inc., 2010.

[87] 徐立祥,李旭,吕皖丽,等.组合核支持向量机的模式分析新方法[J].计算机工程与应用,2013,49(24):112-115.

[88] 徐立祥,余海峰,段宝彬,等.基于最小二乘支持向量机的信号回归[J].合肥学院学报(自然科学版),2010(3):11-14.

[89] BAI X, LIU C, REN P, et al. Object classification via feature fusion based marginalized kernels[J]. IEEE Geoscience and Remote Sensing Letters, 2015,12(1):8-12.

[90] LIU C, WEI W, BAI X, et al. Marginalized kernel-based feature fusion method for VHR object classification[C] // 2013 IEEE International Geoscience and Remote Sensing Symposium, 2013:216-219.

[91] SHERVASHIDZE N, VISHWANATHAN S V N, PETRI T, et al. Efficient graphlet kernels for large graph comparison[C] // AISTATS, 2009,5:488-495.

[92] LUGO-MARTINEZ J, RADIVOJAC P. Generalized graphlet kernels for probabilistic inference in sparse graphs[J]. Network Science, 2014,2(2):254-276.

[93] HARCHAOUI Z, BACH F. Image classification with segmentation graph kernels[C] // 2007 IEEE Conference on Computer Vision and Pattern Recognition, 2007:1-8.

[94] WANG L, SAHBI H. Directed acyclic graph kernels for action recognition [C] // Proceedings of the IEEE International Conference on Computer Vision, 2013:3168-3175.

[95] KRIEGE N, MUTZEL P. Subgraph matching kernels for attributed graphs [C] // ICML, 2012:1015-1022.

[96] BACH F R. Graph kernels between point clouds[C] // Proceedings of the 25th International Conference on Machine Learning, 2008:25-32.

[97] XU L, XIE J, WANG X, et al. A mixed Weisfeiler-Lehman graph kernel [C] // International Workshop on Graph-based Representations in Pattern Recognition. Springer International Publishing, 2015:242-251.

[98] IBRIKCI T, USTUN D, KAYA I E. Diagnosis of several diseases by using combined kernels with support vector machine[J]. Journal of Medical Systems,2012,36(3):1831-1840.

[99] NGUYEN H N, OHN S Y, PARK J, et al. Combined kernel function approach in SVM for diagnosis of cancer[J]. Advances in Natural Computation Lecture Notes in Computer Science,2005,36:1017-1026.

[100] DIOIAN L, ROGOZAN A, PÉCUCHET J P. Evolutionary optimisation of kernel and hyper-parameters for SVM[C]// Modelling, Computation and Optimization in Information System and Management Science, 2008:107-116.

[101] ZHOU Y H. Fuzzy indirect adaptive control using SVM-based multiple models for a class of nonlinear systems[J]. Neural Computing and Applications,2013,22(3-4):825-833.

[102] LI Z C, ZHOU X, DAI Z, et al. Classification of G-protein coupled receptors based on support vector machine with maximum relevance minimum redundancy and genetic algorithm[J]. BMC Bioinformatics, 2010,11(1):325-339.

[103] CHEN Z, LI J P, WEI L W. A multiple kernel support vector machine scheme for feature selection selection and rule extraction from gene expression data of cancer tissue[J]. Artificial Intelligence in Medicine, 2007,41(2):161-175.

[104] OHN S Y, NGUYEN H N, CHI S D. Evolutionary parameter estimation algorithm for combined kernel function in support vector machine [C]// Content Computing. Berlin: Springer,2004:481-486.

[105] NGUYEN H N, OHN S Y, CHOI W J. Combined kernel function for support vector machine and learning method based on evolutionary algorithm[C]// International Conference on Neural Information Processing. Berlin: Springer,2004:1273-1278.

[106] BACH F R, LANCKRIET G R G, JORDAN M I. Multiple kernel learning, conic duality, and the SMO algorithm[C]// ICML,2004:1-6.

[107] GÖNEN M, ALPAYDLN E. Multiple kernel learning algorithms[J]. Journal of Machine Learning Research,2011,12(7):2211-2268.

[108] SONNENBURG S, RÄTSCH G, SCHÄFER C, et al. Large scale multiple kernel learning[J]. Journal of Machine Learning Research,2006,7(7): 1531-1565.

[109] GÖNEN M, ALPAYDIN E. Localized multiple kernel learning[C]// Proceedings of the 25th International Conference on Machine Learning, 2008:352-359.

[110] VARMA M, BABU B R. More generality in efficient multiple kernel

learning[C]//Proceedings of the 26th Annual International Conference on Machine Learning,2009:1065-1072.

[111] RAKOTOMAMONJY A,BACH F R,CANU S,et al. SimpleMKL[J]. Journal of Machine Learning Research,2008,9(11):2491-2521.

[112] JAIN A,VISHWANATHAN S V N,VARMA M. SPF-GMKL: generalized multiple kernel learning with a million kernels[C]//Proceedings of the 18th ACM SIGKDD International Conference on Knowledge Discovery and Data Mining,2012:750-758.

[113] SUN Z,AMPORNPUNT N,VARMA M,et al. Multiple kernel learning and the SMO algorithm[C]// Advances in Neural Information Processing Systems,2010:2361-2369.

[114] LAPIDUS L,PINDER G F. Numerical solution of partial differential equations in science and engineering[M]. Hoboken:John Wiley & Sons, 2011.

[115] SAITOH S. Inequalities in the most simple Sobolev space and convolutions of L_2 functions with weights [J]. Proceedings of the American Mathematical Society,1993:515-520.

[116] XU L,LUO B,TANG Y,et al. An efficient multiple kernel learning in reproducing kernel Hilbert spaces(RKHS)[J]. International Journal of Wavelets, Multiresolution and Information Processing, 2015, 13(2): 1550008.

[117] QIN L Z. A new method for computing reproducing kernels[J]. Journal of Changde Teachers University,2002,14(2):26-28.

[118] HAO Z,YUAN G,YANG X,et al. A primal method for multiple kernel learning [J]. Neural Computing and Applications, 2013, 23 (3/4): 975-987.

[119] CHANG C C,LIN C J. LIBSVM:a library for support vector machines [J]. ACM Transactions on Intelligent Systems and Technology,2011, 2(3):27.

[120] XU L X,CHEN X,NIU X,et al. A multiple attributes convolution kernel with reproducing property[J]. Pattern Analysis and Applications,2017, 20:485-494.

[121] LU H,ZHANG W,CHEN Y W. On feature combination and multiple kernel learning for object tracking [C] // Asian Conference on Computer Vision. Berlin:Springer. 2010:511-522.

[122] KIM J S,SCOTT C. L_2-kernel classification[J]. IEEE Transactions on

Pattern Analysis and Machine Intelligence, 2010, 32(10): 1822-1831.

[123] HE R, ZHENG W S, HU B G, et al. A regularized correntropy framework for robust pattern recognition [J]. Neural Computation, 2011, 23 (8): 2074-2100.

[124] SHEN C, BROOKS M J, VAN DEN HENGEL A. Fast global kernel density mode seeking: applications to localization and tracking [J]. IEEE Transactions on Image Processing, 2007, 16(5): 1457-1469.

[125] TZORTZIS G F, LIKAS A C. The global kernel-means algorithm for clustering in feature space[J]. IEEE Transactions on Neural Networks, 2009, 20(7): 1181-1194.

[126] JORSTAD A, JACOBS D, TROUVÉ A. A deformation and lighting insensitive metric for face recognition based on dense correspondences [C]// CVPR. 2011: 2353-2360.

[127] GAO S, TSANG I W H, CHIA L T. Kernel sparse representation for image classification and face recognition[C]// European Conference on Computer Vision. Berlin: Springer, 2010: 1-14.

[128] JOSE C, GOYAL P, AGGRWAL P, et al. Local deep kernel learning for efficient non-linear svm prediction[C]// ICML, 2013: 486-494.

[129] SMITS G F, JORDAAN E M. Improved SVM regression using mixtures of kernels[C]// IJCNN, 2002, 3: 2785-2790.

[130] ZHU X, HUANG Z, SHEN H T, et al. Dimensionality reduction by mixed kernel canonical correlation analysis[J]. Pattern Recognition, 2012, 45(8): 3003-3016.

[131] CAPUTO B, WALLRAVEN C, NILSBACK M E. Object categorization via local kernels[C]// ICPR, 2004, 2: 132-135.

[132] KATKOVNIK V, FOI A, EGIAZARIAN K, et al. From local kernel to nonlocal multiple-model image denoising[J]. International Journal of Computer Vision, 2010, 86(1): 1-32.

[133] SHEN C, BROOKS M J, VAN DEN HENGEL A. Fast global kernel density mode seeking: applications to localization and tracking[J]. IEEE Transactions on Image Processing, 2007, 16(5): 1457-1469.

[134] TZORTZIS G, LIKAS A. The global kernel k-means clustering algorithm[C] // IEEE International Joint Conference on Neural Networks, 2008: 1977-1984.

[135] KLOFT M, BREFELD U, SONNENBURG S, et al. L_p-norm multiple kernel learning[J]. Journal of Machine Learning Research, 2011, 12 (5):

953-997.

[136] TUYTELAARS T, FRITZ M, SAENKO K, et al. The NBNN kernel[C]// International Conference on Computer Vision. 2011:1824-1831.

[137] ZHANG D, ZUO W, ZHANG D, et al. Gaussian ERP kernel classifier for pulse waveforms classification[C]// ICPR, 2010:2736-2739.

[138] GEHLER P, NOWOZIN S. On feature combination for multiclass object classification[C]// IEEE 12th International Conference on Computer Vision, 2009:221-228.

[139] LIU Z, CAO H, CHEN X, et al. Multi-fault classification based on wavelet SVM with PSO algorithm to analyze vibration signals from rolling element bearings[J]. Neurocomputing, 2013, 99:399-410.

[140] LUO Y, TAO D, XU C, et al. Multiview vector-valued manifold regularization for multilabel image classification[J]. IEEE Transactions on Neural Networks and Learning Systems, 2013, 24(5):709-722.

[141] LUO Y, TAO D, GENG B, et al. Manifold regularized multitask learning for semi-supervised multilabel image classification [J]. IEEE Transactions on Image Processing, 2013, 22(2):523-536.

[142] XU L, LUO B, TANG Y, et al. An efficient multiple kernel learning in reproducing kernel Hilbert spaces(RKHS)[J]. International Journal of Wavelets, Multiresolution and Information Processing, 2015, 13(2):155.

[143] XU L, NIU X, XIE J, et al. A local-global mixed kernel with reproducing property[J]. Neurocomputing, 2015, 168:190-199.

[144] YU J, RUI Y, TAO D. Click prediction for web image reranking using multimodal sparse coding[J]. IEEE Transactions on Image Processing, 2014, 23(5):2019-2032.

[145] XU C, TAO D, XU C. Large-margin multi-viewinformation bottleneck [J]. IEEE Transactions on Pattern Analysis and Machine Intelligence, 2014, 36(8):1559-1572.

[146] YU J, RUI Y, TANG Y Y, et al. High-order distance-based multiview stochastic learning in image classification[J]. IEEE Transactions on Cybernetics, 2014, 44(12):2431-2442.

[147] VITO E D, ROSASCO L, TOIGO A. Spectral regularization for support estimation[C]// Advances in Neural Information Processing Systems, 2010:487-495.

[148] CHAPELLE O, HAFFNER P, VAPNIK V N. Support vector machines

for histogram-based image classification[J]. IEEE Transactions on Neural Networks,1999,10(5):1055-1064.

[149] DING L. L_1-norm and L_2-norm neuroimaging methods in reconstructing extended cortical sources from EEG[C]// Annual International Conference of the IEEE Engineering in Medicine and Biology Society, 2009:1922-1925.

[150] BEKTAS S,SISMAN Y. The comparison of L_{11} and L_{22}-norm minimization methods[J]. International Journal of Physical Sciences,2010,5(11): 1721-1727.

[151] YI H,CHEN D,LI W,et al. Reconstruction algorithms based on L_1-norm and L_2-norm for two imaging models of fluorescence molecular tomography:a comparative study[J]. Journal of Biomedical Optics, 2013,18(5):56013.

[152] https://archive.ics.uci.edu/ml/datasets.html.

[153] BOUGHORBEL S,TAREL J P,BOUJEMAA N. Conditionally positive definite kernels for SVM based image recognition[C]// IEEE International Conference on Multimedia and Expo,2005:113-116.

[154] LIU Z,CAO H,CHEN X,et al. Multi-fault classification based on wavelet SVM with PSO algorithm to analyze vibration signals from rolling element bearings[J]. Neurocomputing,2013,99:399-410.

[155] CHENG J,LIU J,XU Y,et al. Superpixel classification based optic disc and optic cup segmentation for glaucoma screening[J]. IEEE Transactions on Medical Imaging,2013,32(6):1019-1032.

[156] BAI L. Information theoretic graph kernels[D]. York:University of York,2014.

[157] PASSERINI F,SEVERINI S. Quantifying complexity in networks:the von Neumann entropy[J]. International Journal of Agent Technologies and Systems,2009,1(4):58-67.

[158] HAN L,ESCOLANO F,HANCOCK E R,et al. Graph characterizations from von Neumann entropy[J]. Pattern Recognition Letters,2012,33 (15):1958-1967.

[159] BAI L,HANCOCK E R. Graph kernels from the jensen-shannon divergence [J]. Journal of Mathematical Imaging and Vision,2013,47(1-2):60-69.

[160] BAI L, REN P, BAI X, et al. A graph kernel from the depth-based representation[C]//Joint IAPR International Workshops on Statistical Techniques in Pattern Recognition(SPR) and Structural and Syntactic

Pattern Recognition(SSPR). Berlin: Springer, 2014: 1-11.

[161] BAI L, ROSSI L, TORSELLO A, et al. A quantum Jensen-Shannon graph kernel for unattributed graphs[J]. Pattern Recognition, 2015, 48(2): 344-355.

[162] AZIZ F, WILSON R C, HANCOCK E R. Backtrackless walks on a graph[J]. IEEE Transactions on Neural Networks and Learning Systems, 2013, 24(6): 977-989.

[163] KASHIMA H, TSUDA K, INOKUCHI A. Marginalized kernels between labeled graphs[C]// Proceedings of the Twentieth International Conference on Machine Learning. ICML, 2003, 3: 321-328.

[164] 白璐,徐立祥,崔丽欣,等. 图核函数研究现状与进展[J]. 安徽大学学报(自然科学版), 2017, 41(1): 21-28.